아이에게
상처주고 싶은 부모는 없다

사춘기에 가려진 아이들의 진짜 고민과 마주하고 이해하기

아이에게
상처주고 싶은 부모는 없다

성진숙(우리쌤) 지음

서사원

아이에게 상처주고 싶은 부모는 없다

엄마이며 교사가 되기 전까지 나는 쭉 아이들 편이었다. 신규 발령을 받아 아이들을 만났을 때는 더 그랬고, 큰아이가 두 돌 무렵까지도 나는 학급의 아이들 입장이었다. 큰아이가 두 돌 무렵이던 그 해, 1학년 진희를 만났다. 등교하면 항상 선생님 책상으로 다가와서 아침 인사를 나누던 아이였다. 쉬는 시간에는 스스로 책을 읽고 수업 시간에는 발표도 잘하고 목소리에는 영민함이 묻어 있었다.

교실에서 세상 명랑한 진희는 일기장에 마치 6학년 같은 말들을 쏟아냈다. "공부를 왜 해야 하는지 모르겠다", "사는 게 힘들다." 그런 말들을 보고 참 많이 놀랐다. 그런데 학부모 상담으로 진희 어머님을 만나고 의문이 풀렸다. 진희 어머님은 완벽주의와 불안 요소를 모두 가지고 있었다. 원래 완벽한 것은 없다. 완벽한 것을 추구할 뿐이다. 그러다 보니 완벽하지 못하면 불안해지고 그럴수록 스스로를 다그치는 악순환에 빠지기 쉽다.

진희 어머님은 그러한 본인의 완벽함을 진희에게 대입시켜 진희를 다그치고 있었다. 재미있자고 한 색칠 공부에서 조금이라도 색이 튀어나오면 계속 그것을 지적하는 엄마…. 진희는 이제 색칠 공부가 싫다고 했다. 시험을 치기 전, 1학년 문제집을 3권이나 풀리고(그때는 한 학기 한 번 시험이 있었다) 시험 치러 나가는 진희에게 "엄마는 네가 덤벙대다가 꼭 한 문제는 틀릴 것 같다"고 말하는 엄마…. 잠시만 듣고 있어도 숨이 막혔다.

그날 나는 진희 입장에서 느끼는 숨 막힘, 이 숨 막힘이 진희에게 얼마나 힘든 일인지 아직 1학년인 진희가 성장해 사춘기에 접어들면 참아왔던 에너지를 어떤 방식으로 폭발시킬지 가감 없이 말씀드렸다. 진희 어머님은 끝내 눈물을 보이셨다. 휴지를 건네 드리면서도 나는 진희만 생각했다. 진희가 얼른 가벼워졌으면 하는 마음이 컸기 때문이다.

그리고 그 해를 지나고 나는 5년간 긴 휴직을 했다. 휴직하는 동안 큰아이의 어린이집, 유치원의 학부모가 되었다. 특히 휴직 2년 차, 둘째가 태어나고 100일쯤 되었을 때 큰아이의 유치원에서 학부모 상담을 했던 때가 떠오른다. 큰아이는 2년간 할아버지 댁에서 지냈다. 평일은 할아버지 댁에, 주말은 우리 집에서 2년간 생활한 큰아이는 마음이 불안정했다. 예민한 성격을 타고난 첫째가 매주 할아버지 댁에 데려다줄 때 보였던 슬픈 눈을 아직도 기억한다. 나중에는 엄마 아빠가 가는데 돌아보지도 않았다. 할아버지는 아이가 이제 적응했나보다 하시며 좋아하셨지만 나는 마음속으로 울음을 삼켰다.

그렇게 간절히 기다렸던 첫째가 엄마의 휴직을 맞아 집으로 돌아왔는데 등교를 거부하는 것이다. 둘째가 태어나고 다니기 시작한 유치원이었다. 육아만으로도 너무 힘이 드는데, 첫째까지 등교를 거부하자 당황스럽기도, 화가 나기도 해서 첫째를 많이 다그쳤다. 그럴수록 첫째는《이솝우화》에 등장하는 나그네처럼 옷깃을 꼭 여미었고, 나는 첫째에게 더욱 강한 바람을 불어댔다. 그리고 학부모 상담 기간이 찾아왔다.

첫째의 선생님은 아이들을 많이 사랑하는 분이셨다. 첫째의 등교 거부에도 많이 배려하고 이해해주셨다. 할아버지와의 2년을 비롯해서 그동안 아이와 있었던 과정을 상세히 말씀드렸다. 나는 상담 마지막에 5년 전 진희의 어머님처럼 눈물을 쏟았다. 선생님은 내가 진희 엄마에게 그랬던 것처럼 첫째의 입장에서 말씀해 주셨다. 나와 똑같은 모습으로 말씀해 주셨는데 참 서러웠다. 아이를 사랑하고 이해하시는 모습이 감사하면서도 나도 최선을 다해 힘든 시간을 버텨왔는데, 그렇잖아도 아이의 등교 거부가 나 때문인 것 같아 되돌릴 수 없는 시간을 매일 후회하고 자책하고 있는데, 선생님의 직설적인 충고는 너무 아팠다.

상담을 마치고 나오면서 다시 복직한다면 상담에서 아이를 위해 최고의 방법은 아닐지언정 최선의 노력으로 양육해온 부모님에 대한 이해와 위로와 공감을 해드려야겠다고 생각했다.

이 세상에 아이를 상처주기 위해 양육하는 부모는 없다. 누구도 알려주지 않는 육아를 나름의 방식으로 풀어가고자 노력하는 부모가 있을 뿐이다. 정답이 없기에, 누구도 알려주지 않기에 육아의 무게를 힘들고 외롭게 버텨내는 부모, 밤잠을 설치며 아이를 위해 고민하는 부모, 돌이킬 수 없고 내 의지로 끝낼 수도 없는 양육이라는 외롭고 고독한 터널을 지나는 부모에게 최선을 다하셨다고, 수고했다고, 함께 더 좋은 방법을 찾아보자고 이야기하고 싶다. 진희 어머님의 눈물과 내 눈물이 같은 눈물일지도 모른다는 생각과 함께 꽤 오랫동안 마음한편에 진희 어머님의 눈물을 담고 지냈다.

복직하고 교실에 있는데 6학년이 된 진희 여동생을 상담하고 집으로 가시던 진희 어머님이 내 이름을 기억하고 교실로 들어오셨다. 진희가 벌써 중2가 되었다는 소식과 함께 아직 선생님을 기억한다는 말이 감사했다. 나는 그날 진희 어머님의 손을 잡고 진심을 담아 사과드렸다.

　　"어머님, 5년 전 진희 상담에서 제가 너무 진희 편에서만 말씀드렸던 것 같아요. 어머님도 최선을 다해 진희를 잘 키우려고 노력하셨을 텐데 제가 정말 죄송했어요."

　　괜찮다고 손사래 치시는 진희 어머님의 발걸음이 왠지 가벼워 보였다. 최선을 다하고도 스스로 자책하는 눈물을 흘리지 않으시기를 마음속으로 빌었다.

　　엄마들도 모두 엄마가 처음이다. 아이들도 아이들이 처음이다. 인생에 정답이 없듯 육아 또한 그렇다. 하늘 아래 같은 아이는 없기 때문이다. 엄마는 '아이 시절'을 거치지만 기억 속에서 희미해져 그 시절 어떤 마음과 생각을 지니고 있었는지 까맣게 잊고 지내는 경우가 많다. 아이들과 생활하는 것은 잊었던 그 시절의 나를 찾아가는 과정과 같다. 많은 순간 함께했던 교실의 아들, 딸들이 들려준 아이들의 이야기를 통해 사춘기를 앞둔 우리 집 아들, 딸의 사춘기가 지레 겁먹을 것만은 아니라는 것을 깨달았다. 나만 알기 아까운 교실 속 아들, 딸들

의 이야기를 아이를 위한 고민으로 밤을 지새우는 엄마 아빠
들과 함께 나누고 싶다.

따스한 햇살 아래서
성진숙 드림

차례

1장   부모에게 말 못한 아이들의 속마음

2장 아이의 상처를 치유하려면 두 배의 시간이 필요하다

3장 대화가 잘 통하는 부모

4장 완성형 아이와 과정형 아이

1장

부모에게
말 못한
아이들의
속마음

엄마,
친정에 다녀오세요

"어쩌라고 이 쌍년아!"

어느 겨울날 수업을 마치고 청소를 하는 도중에 석형이가 소진이에게 내뱉은 말이다. 졸업을 며칠 남겨두지 않은 시점이었다. 더 놀랐던 이유는 일 년 가까이 생활하면서 석형이가 적어도 담임교사인 내가 보는 곳에서는 욕을 입에 담은 적이 없었기 때문이다. 사람에게 편견을 가지면 안 된다지만 석형이에게는 욕을 할 만한 뾰족함이라고는 찾아볼 수 없었다. 석형이는 유쾌하고도 순한 성향의 아이였다. 쉬는 시간에 자주 나에게 찾아와 이런저런 이야기도 하고 먼저 말을 걸기도 했다. 급식을 기다리는 줄에 서서도 스스럼없이 여러 이야기를 쏟아냈다.

키가 크고 체격이 있어서 교사인 나에게 가끔 키가 큰 모습을 자랑하기도 했다. 그러면 나는 "부럽다… 이럴 줄 알았으면 나도 어릴 때 골고루 먹을 걸…" 하면서 석형이와 농담을 주고받기도 했다.

석형이는 과학에 관심이 많았다. 과학 시간에 관련된 주제가 나오면 막힘이 없었다. 상식이 풍부할 뿐 아니라 논리적이고 합리적으로 생각해서 학급에서 불미스런 일로 회의가 열릴 때면 석형이의 발언을 들은 아이들은 '맞아, 내가 하고 싶은 말이 바로 그거였어.' 하고 말할 정도로 현상의 이면을 정확히 꿰뚫어보는 총명한 아이였다.

마음이 여리고 좀처럼 화내는 일이 없는 석형이가 성인들이나 할 법한 거친 욕을 담임교사를 의식하지 않고 큰소리로 말했다는 것은 무언가 크게 잘못되었다는 의미였다. 석형이에게 무슨 일이 있는 걸까? 아이들을 하교시키고 빈 교실에서 석형이와 마주 앉았다.

"석형아, 요즘 무슨 일 있어?"

석형이는 그 자리에서 무너지듯 크게 울음을 터뜨렸다. 많이 힘들었구나 싶었다.

석형이는 많은 이야기를 해주었다. 아래로 동생이 셋 있다고 했다. 같이 학교에 다니는 3학년 동생과 1학년 동생 그리고 이제 막 어린이집에 다니기 시작한 막내동생. 석형이는 막

내 동생을 잘 돌봤다. 집에 가면 엄마를 쉬게 하고 동생을 먹이고 씻기며 챙기기를 도맡아 한다고 했다.

당시 우리 집 둘째가 어린이집에 다녀서 석형이가 나에게 농담처럼 육아의 고충에 대해 이야기했을 때 내 마음과 같아서 깜짝 놀랐던 기억이 떠올랐다. 석형이는 돌쟁이 아이의 육아에 대해 꽤 자세하게 알고 있어서 때로 같은 또래 아이를 둔 엄마와 이야기하는 듯한 착각이 들 정도였다.

방과 후면 석형이도 힘들 텐데 동생을 살뜰히 살피는 모습이 대견하면서도 힘들겠다고 생각했다. 집에서는 야무진 모습으로 육아를 도맡아 하지만 학교에서의 석형이는 책상 정리가 잘 안 되고 해야 할 일을 깜빡 잊기도 했다. 어지러운 책상은 그 사람의 혼란한 마음을 나타낸다는데, 석형이의 밝은 웃음 뒤에 혼란스러운 책상처럼 정리되지 않은 무엇이 있는 것은 아닐까 하고 가끔 생각했는데, 그제서야 이유를 어렴풋이 알 것 같았다.

석형이는 남자아이들 서열에도 예민했다. 겉으로는 조용해보이지만 남학생들 사이에는 서열이 있다. 운동장에서 축구를 할 때나 체육 시간, 쉬는 시간, 방과 후까지 아이들은 은근한 기 싸움을 벌이며 그들만의 질서를 구축한다. 석형이는 요즘 서열에 많은 도전을 받는 듯했다. 큰 체격에 비해 마음이 여리고 순해서 아래 서열의 아이들이 자꾸 싸움을 걸며 도전한다고 했다.

서열에서 밀려나지 않으려고 애써 강한 척, 센 척 하는 석형이가 보이지 않는 기 싸움에 얼마나 에너지를 많이 빼앗기고 있었는지 느껴졌다. 겉으로 잔잔해보이는 호수 같은 학급의 이면을 담임인 내가 너무 몰랐구나 싶었다. 아이들의 보이지 않는 면까지도 잘 살폈어야 했다. 석형이 이야기를 들으면서 늦게 알아차려서 미안한 마음이 컸다.

한편 석형이를 괴롭게 하는 것은 엄마의 힘듦이었다. 아이 넷 육아에 지친 엄마는 석형이 눈에도 지치고 불안해보였다. 그래서 석형이는 방과 후에 축구하자는 친구들을 뿌리치고 집으로 달려가 자발적으로 동생의 육아를 도맡았다. 어느 순간부터는 당연한 듯 석형이가 집에 오면 엄마는 부족한 잠을 보충하러 방으로 들어가셨다고 한다. 성인도 힘든 육아를 묵묵히 견디며 엄마에게 도움이 되기를 바랐던 석형이가 너무 짠했다.

석형이의 걱정은 여기서 끝이 아니었다. 막내 동생이 선천적으로 심장에 이상이 있어서 앞으로 해야 할 치료에 대한 걱정, 그로 인해 엄마가 받을 스트레스, 아빠의 사업이 힘들어져 집에 부채가 많은 것, 그럴수록 나라도 부모님께 도움이 되어야겠다는 생각을 거듭하게 되었다고 했다.

급기야 얼마 전 석형이는 "엄마, 주말에 내가 동생들 돌볼 테니 친정에 다녀오세요." 말하고 자발적 육아를 선택했다고 한다. 당연한 듯 육아는 석형이에게 맡겨졌고 사춘기의 고민과 감당하기 힘든 스트레스를 그대로 마음에 차곡차곡 쌓아두고 있었던 석형이는 소진이의 작은 행동에 그동안 힘들었던 마음이 한꺼번에 폭발하고 만 것이다.

최근 엄마가 석형이를 어른 대하듯 하고 동생과 다툼이나 갈등이 일어나도 자신만 꾸중하는 것이 못내 섭섭했다는 석형이. 내 눈엔 아직 덩치 큰 아이에 불과한데 돌쟁이 막내를 둔 엄마 눈에는 어른으로 보일 수도 있었겠다. 엄마에게는 더 이상 아이가 아니니 석형이의 노력에 대한 칭찬이나 인정의 말을 해주는 것도 잊으셨던 것 같다. 석형이는 점차 스스로 감당하기 힘들 만큼 지쳐갔을 것이다.

"석형아, 아빠 사업이나 엄마의 육아 문제는 부모님들이 고민하고 해결하실 문제야. 석형이는 그 고민들에게서 자유로워졌으면 좋겠어. 너무 힘들었겠다. 선생님은 감히 너의 힘듦을 알겠다고 말하기조차 어렵네."

그날 많이 울었던 석형이는 다음날 씩씩하게 등교해서 밝은 얼굴로 생활했지만, 그런 석형이가 더 안쓰러웠다. 졸업식

롤링페이퍼에 "선생님, 그때 제 이야기를 잘 들어주셔서 감사했어요."라고 썼던 석형이. 석형이가 지금은 조금이라도 마음이 편안해졌으면 좋겠다.

아이 눈높이로 이해하기

부모화된 아이parentified child, 어린 나이에 부모를 보살피는 아이를 의미합니다. 또한 부모와 자녀의 역할이 전도되어 자녀가 오히려 부모를 보호하고 위로하는 상태를 부모화parentification라고 합니다. 학급에서 생활하다 보면 부모화된 아이가 의외로 많습니다. 석형이처럼 맏이거나 맏이가 아니더라도 성향이 순하고 무던하며 희생적인 아이들이 그런 경우가 종종 있습니다. 아이도 부모도 모르는 사이에 만들어지는 관계지만, 부모화된 아이들의 의젓함과 강한 책임감이 때로 아픔으로 다가올 때가 있습니다.

네 잘못이
아니야

"선생님, 시간 있으세요? 이야기를 좀 하고 싶어요."

어느 날 우현이가 수업을 마치고 말을 걸어온다.

"그럼, 우현이 이야기를 들을 시간은 언제나 있지."

모든 일을 미루고 우현이와 마주앉았다. 아이가 먼저 이야기하고 싶다고 말해오는 경우는 많지 않다. 그만큼 우현이의 마음이 많이 어지럽구나 싶었다. 우현이는 유일하게 비상연락망에 아버지 이름이 올라와 있다. 가끔 무언가를 결정해야 할 시기에도 우현이 아빠의 전화를 받을 때가 있었다.

요즘은 개인정보에 대한 인식이 강화되어 아이나 부모님이 먼저 말을 꺼내지 않는 한 교사가 아이의 가정사를 알기는 어렵다. 어렴풋이 우현이는 아버지와 함께 생활하는구나 하고 짐작할 따름이다.

어느 날 학교에서 생존수영을 하느라 수영복이 준비물로 필요한 때가 있었다. 며칠 전부터 예고했는데 우현이는 수영복을 가져오지 않았다. 이유를 물어보니 '고모'가 미처 준비를 못해줘서 가져오지 못했다고 했다. 우현이가 말하는 고모가 궁금했다.

상담을 하면서 우현이는 어려운 이야기를 털어놓았다. 짐작대로 아버지와 단 둘이 살고 있었다. 아버지는 나이가 많은 편이며 나이 차이가 많이 나는 엄마와 결혼했으나 얼마 가지 않아 이혼하셨다고 한다. 돌 무렵부터 우현이는 아빠와 살았다. 우현이의 이야기 속에서 종종 등장했던 엄마는 서울에서 일하신다고 했다. 사춘기가 다가온 우현이를 위해 고모가 근처에 살면서 이것저것 챙겨주셨다. 그날의 수영복도 고모가 깜빡하고 날짜를 잊은 것이라 했다.

아주 오랫동안 아빠와 살았는데 어느 날, 드라마처럼 우현이 앞에 엄마가 나타났단다. 학교 앞에서 기다리고 있다가 만나서 옷도 사주고 원하던 태블릿도 사주고 맛있는 것도 사주셨다. 오랜 시간 아빠와 지내다 막연히 그리워했던 엄마를 만나니 참 좋았단다. 그렇게 몇 번을 만나며 엄마는 자신의 이야기를 우현이에게 털어놓으셨다. "스무 살에 결혼해 너를 낳았지만 결혼 생활이 행복하지는 않았다. 그래서 엄마의 인생을 찾아 나왔다. 이해해주면 좋겠다….” 우현이는 혼란스러웠다.

그리고 언젠가부터 엄마와 함께 젊은 아저씨가 나왔다. 우현이 말로는, 엄마는 우현이가 엄마의 상황도 이해하고 젊은 아저씨와 재혼하는 상황도 이해하기를 바랐던 것 같다고 했다. 우현이는 자신의 존재에 대한 혼란과 함께 큰 상처를 받았고, 이를 엄마에게 큰돈을 쓰게 하는 것으로 표현했다. 고가의 옷, 신발 등 한 번에 100만 원 가까이 엄마의 돈을 쓴 적도 있었다.

어느 날 엄마가 “이렇게 자꾸 비싼 것만 사달라고 하면 더 이상 사줄 수 없다”고 했다. 우현이가 엄마를 만나는 것을 알게 된 아빠는 준비물을 사야 한다고 말하는 우현이에게 “그런 건 엄마한테 사달라고 해”라며 오히려 상처를 주었다. 엄마와 아빠 사이에서 난감해진 우현이.

급기야 얼마 전 엄마가 젊은 아저씨와 결혼한다고 이야기했다. 머지않아 아이도 태어날 것 같다고, 친동생처럼 대해줄 수 있냐며 부탁하셨단다. 우현이는 좋다고 답했다. 동생이 생겨서 기쁘다고, 엄마가 행복해서 나도 기쁘다고, 용돈을 모아 동생 옷을 선물로 사주고 싶다고까지 말했다.

“그런데요 선생님, 사실 저는 아저씨가 좋지 않아요. 저는 그러지 못했는데 태어나면서부터 엄마와 살게 될 그 아이도 사실 미워요. 동생 옷을 사주겠다고 했는데, 상상 속에서는…
옷을 동생의 몸에 꿰매는 상상을 해요…."

우현이가 이 말을 하고 싶었구나. 상상하면서도 얼마나
죄책감이 들었을까. 누구에게도 말하지 못하고 혼자 끙끙 앓았
을 우현이를 보니 눈물이 났다. 우현이도 울고 나도 울고 우리
는 함께 울었다.

"우현아, 그런 상상을 하는 건 우현이 잘못이 아니야. 선
생님이 우현이였다면 더한 상상도 했을 거야. 진짜로 동생에게
나쁜 짓을 한 건 아니잖아. 잘못이 있다면 우현이 마음을 알아
주지 않고 부모님 마음만 이해하기를 원하는 부모님에게 있다
고 생각해. 괜찮아 우현아. 네 잘못이 아니야…."

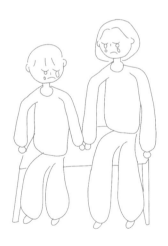

우현이는 그렇게 한참을 어깨를 들썩이며 울었다. 키가 크고 책을 좋아하고 섬세한 감성에 웃음이 많은 우현이. 심청이 아빠처럼 우현이가 걷지도 못할 시기에 혼자 몸으로 최선을 다해 키워준 아빠에 대한 감사함을 마음에 간직하고 있는 우현이가 불쑥 떠오른 끔찍한 상상에 혼자 얼마나 죄책감을 느끼고 당황했을지 알기에 마음이 짠했다.

아이도 엄연한 인격체다. 부모의 삶이 혼란스럽고 쌓인 숙제가 많지만 그 속에서 아이는 더 상처를 받는다. 부모 입장에서 느끼는 아이에 대한 죄책감을 갚으려고만 하지 말고, 아이 이야기를 들어주었으면 좋겠다. 부모의 죄책감을 물질적으로 갚으려 하기보다, 그럴 수밖에 없었던 부모의 이야기를 늘어놓으며 아이의 마음을 꼼짝 못하게 옭아매어 아이에게 이해를 강요하기보다, 먼저 아이 손을 잡고 눈을 맞추며 그동안 상처받고 힘들었을 아이의 진짜 마음속 이야기를 들으려고 노력했으면 좋겠다.

부모의 이혼과 같은 큰 사건을 겪으면 아이는 무의식적으로 부모의 불화 원인이 자신 때문이라고 생각하는 경우가 많습니다. 무의식적으로 죄책감을 느끼게 되지요. 아이들 앞에서는 되도록 싸우지 않으면 좋겠지만 어쩔 수 없이 싸우게 되는 모습을 보이게 되는 경우가 있습니다. 이때는 아이에게 '오늘 엄마, 아빠가 좋지 않은 모습을 보이게 되어서 미안해…. 엄마 아빠가 싸운 건 네 잘못이 아니야. 곧 화해할 거고 잘 해결될 거야…' 하고 설명해주는 것이 좋습니다.

죽고 싶지만
사실은 살고 싶어요

보라를 처음 만난 건 보라가 5학년, 내가 6학년을 맡고 있던 복직 첫해였다. 당시 부서의 다양화를 위해 동아리 활동을 5, 6학년군으로 통합해서 진행했는데 5학년이던 보라가 내가 운영하던 독서부에 들어왔다. 얼굴에 왠지 모를 그늘이 있는 아이였는데 어느 날, 출석하지 않고 수업 종료 10분을 남겨두고 교실로 들어왔다. 이상한 건 친구들의 반응이었다.

"보라는 원래 종종 저래요."

"몰래 학교 앞 슈퍼에 가서 뭔가 사먹고 왔을걸요?"

친구의 부재에 대한 반응이 이렇게나 초연하고 담담한 것이 놀라웠고 한편으로 보라에게 마음이 쓰였다. 그때는 나도 복직 첫 해의 좌충우돌을 겪는 시기라 마음의 여유가 없는 상태여서 열 번 남짓 보았던 보라를 기억하는 정도였다.

그리고 대망의 다음 해, 보라가 우리 반이 되었다. 당시 다음 해에도 6학년을 할 것이라고 마음먹고 있어서 보라의 담임교사가 된다면 보라의 이야기를 들어주고 싶다고 막연히 생각했는데, 정말 보라의 담임교사가 된 것은 어찌 보면 내가 그렇게 되기를 간절히 바랐기 때문인지도 모르겠다.

갑자기 코로나가 세상을 뒤덮고 아이들도 6월이 되어서야 간신히 원격수업과 등교수업을 병행하며 등교할 수 있었다. 보라에 대해서도 전 담임선생님에게 조금 더 구체적으로 들을 수 있었다. 보라로 인해 학교의 모든 창문에 안전 바가 설치되고 창문이 활짝 열리지 않게 수리되었다는 사실도. 보라가 창문에 매달려 자살을 시도했다는 이야기, 손목에 자해한 이야기 등 여러 이야기가 들려오는 가운데 내가 보라를 위해 할 수 있는 일이 무엇일까 고민해보았다. 고민 끝에 내린 결론은 '보라의 이야기를 많이 들어주자'였다.

우리가 처음 만난 6월 어느 날, 아이들의 소개글을 받았다. 보라의 소개서에는 무기력과 우울함이 가득했다.

- 5학년 때 가장 많이 생각한 것은 (우울해, 그냥 죽어버릴 걸)이다.
- 내가 좀 더 어렸다면 (태어나기 전에 없어지고 싶)다.
- 내가 자주 하는 공상은 (고통 없이 죽는 법은 없을까?)다.

- 나의 좋은 점은 (없)다.
- 나는 때때로 (속상하)다.
- 6학년 선생님께서 (제 마음을 이해해주면) 좋겠습니다.

죽음, 자기비하, 속상함 등 여러 이야기가 보라를 뒤덮어버린 느낌이었다. 하지만 보라는 누구보다 내적 에너지가 가득한 아이였다. 죽고 싶다는 마음 뒤에 살고 싶은, 잘 지내고 싶은 마음이 있었다. 자기소개서에 쓴 글도 실은 담임교사에게 나름의 방식으로 절박하게 도움을 요청하는 내용이었다. 생활기록장으로 매일의 일상을 공유하고 댓글을 달면서 매주 화요일 방과 후에 보라의 이야기를 들어주었다. 그 시간에 보라는 많은 이야기를 해주었다. 온라인 수업으로 몇 주씩 학교에 나오지 못하는 날이면 혼자 학급에 들러 이런저런 고민 이야기를 하다가 가곤 했다.

우리 반 생활기록장 항목 중에 '나에게 하는 칭찬일기'가 있다. '아직 살아있어서 역겹다' 혹은 '못생겨서 칭찬해'와 같은 말들을 예사로 쓰던 보라의 생활기록장에 어느 날부턴가 긍정적인 글이 적히기 시작했다.

- 오늘 아침에 엄마랑 싸워 기분이 꿀꿀했는데 예서가 다가와 '기분

안 좋은 일 있어?'라고 물었다. 그래서 얘기했는데 '공감'이란 것을 (예서가) 해주어 고마웠다. 오늘은 친구에게 '칭찬'이란 것을 하여 오늘의 나를 칭찬한다. 내가 '노력'할 것은 자신을 토닥거리며 나의 '칭찬'거리를 잘 찾아보는 거다. 내일은 좀 더 웃기를~

보라 표정이 점점 밝아졌다. 하지만 사람의 관성은 보라에게도 적용되는지라 수업 시간에 무기력한 태도로 학습과제를 하지 않는 부분에서 많은 대화가 필요했다. 교사로서 보라가 친구들에게 당연한 듯 수업 시간에 열외되는 것이 보라에게도 좋지 않다고 생각했기 때문이다. 그해 여름에는 보라와 많은 이야기를 나누었던 것으로 기억한다.

7월, 여름방학이 얼마 남지 않은 어느 날, 점심시간 직전에 옆 반 남학생 영수와 보라의 충돌이 있었다. 보라가 영수의 뺨을 때렸다고 한다. 뺨이라니…. 두 아이를 불러서 이야기했다. 평소 두통과 복통으로 보건실을 다녀오는 일이 잦았던 보라가 그날 영수와 마주쳤는데 영수가 보라의 외모를 놀렸다. 화가 난 보라가 패드립(부모님을 욕하는 은어)을 했고, 영수도 패드립을 하자 화를 참지 못한 보라가 영수의 뺨을 때렸고 영수도 보라의 머리채를 잡았다. 서로의 상황과 그때의 감정을 이야기하면서 둘 다 자신의 잘못을 인정하고 사과했다. 감정의 앙금이 남지 않게 상황이 잘 마무리되었다.

　　그날 방과 후 보라와 마주했다. 보라는 많은 이야기를 해주었다. 아무리 화가 나도 뺨을 때릴 생각을 쉽게 하지 못하는데 보라가 영수의 뺨을 때린 행동으로 미루어 짐작해볼 때, 보라가 뺨을 맞은 경험이 있지 않을까? 하는 생각이 들었다. 조심스럽게 물어보니 보라가 관련된 경험을 이야기해주었다. 3~4학년 때쯤 뺨을 맞은 적이 있었는데, 이유인즉 어느 날 핸드폰을 보다가 야한 동영상이 떠서 놀라고 어찌할지 몰라 허둥대다가 껐다고 한다. 아직 순수했을 나이인 3~4학년생 보라가 그날 있었던 일을 엄마에게 이야기했는데 순간 엄마가 뺨을 때렸다고 한다.

　　"뺨을 맞았을 때 어떤 마음이었니?"

　　"아프고, 화나고, 놀라고, 그랬어요."

　　"…그리고 억울하기도 했어요."

　　"그랬구나…."

　　아직 어렸을, 그래서 더 놀라고 억울했을 보라 마음을 생각하니 마음 한구석이 찡 아려왔다. 교사이기에 앞서 엄마이기에 그 순간에 느꼈을 복잡한 엄마의 마음을 모르는 바는 아니지만 그래도 뺨을 맞은 보라에게 마음이 더 쓰였다.

　　보라는 시작이 잘 기억나지는 않지만 3~4학년 때쯤부터

밤에 잠을 잘 못 잔다고 했다. 거의 매일 새벽 3시쯤 겨우 잠들고 그마저도 귀에서 이명이 들려 깊은 잠을 못 잔다고 했다. 얼마나 괴로웠을까… 한창 자살 소동을 벌이던 그때, 상담을 받아보기도 하였으나 큰 변화는 없었다고 한다. 마음은 계속 답답하고 그러다 도저히 안 되겠다 싶으면 수업 중에도 교실을 뛰쳐나가 하염없이 돌아다니곤 했단다. 잠도 못 자고 이야기할 곳도, 하소연할 곳도 없었단다. 친구들이 보라가 자주 없어진다고 했던 일들이 생각나면서 동시에 없어져도 당연한 듯 찾지 않는 친구들에게 참 서운했겠다 싶었다.

'6학년 선생님께서 제 마음을 이해해주면 좋겠습니다.'

첫날 보라가 썼던 자기소개서의 메시지에 많은 이야기가 담겨 있었던 것 같다. 그 후로도 보라는 수업 시간에 잠을 못 자 생긴 두통으로 보건실에도 가고 신경성 복통으로 화장실도 갔지만 다녀오겠노라고 말하는 모습을 보였다. 보라의 전후 사정을 듣고 난 후에는 화장실이든 보건실이든 말을 하고 나가는 것이 그저 고마웠다.

초기에 나와 라포(Rappot: 두 사람 사이의 상호 신뢰관계를 나타내는 심리학 용어)가 형성되지 않은 시기, 보라는 자신의 의견이 거절당하는 느낌이 들면 굉장히 힘들어했다. 거절당하면 자신의 존재가 거절당한다고 생각했던 것 같다.

너무나 화가 치밀어 오르고 어디에도 풀 곳이 없을 땐 스스로에게 화풀이를 하기도 했다. 손등에 검은색 펜으로 강렬하고 공격적인 그림을 그리기도 하고 손톱으로 팔을 세게 긁어서 피가 나기도 했다. 함께하는 시간이 길어지면서 자연스럽게 거절이 '나라는 존재에 대한 거절'이 아님을 알아가게 되었다. 무엇보다 친구들과 더불어 생활하는 기쁨을 알아가며 스스로에게 화풀이하는 횟수도, 보건실이나 화장실에 들르는 횟수도 많이 줄어들었다.

보라를 가장 많이 변화시킨 것은 '장점 찾기'였다. 장점 찾기는 한 명을 선발해 학급의 모든 친구들이 선발된 친구의 장점을 찾아 칠판에 붙여주는 학급의 의식이다. 다행히도 장점 찾기 초반에 보라가 선정되었다. (모든 아이들이 간절히 원하기 때문에 장점 찾기 주인공은 공정한 학급 내 무작위 선발 시스템으로 이루어진다.)

3월, 자기소개서에 장점이 없다고 썼던 보라는 어느 날 20명의 아이들이 정성스럽게 찾은 자신의 장점과 마주하게 되었다. 장점 찾기 앞에 선 보라는 한참을 하나하나 정성들여 읽어 내려갔다.

장점 찾기 시간이 되면 보라는 엄청 진지해졌다. 장점 찾기를 하는 날은 주인공인 친구가 듣고 싶어 하는, 듣기 좋은 말로 장점을 찾아준 친구를 찾아 '장점 찾기 전문가'를 선정하는데, 보라는 우리 반 초대 장점 찾기 전문가로 선정되었다. 스스로 친구들의 단점을 많이 지적한다고 자기소개서에 적었던 보라인데 장점 찾기 활동을 하면서 보라에게도 이런 면이 있었구나… 하는 생각이 들었다. 학급 친구들에게 장점 찾기 전문가로서 인정을 받고 자신의 장점을 정성스레 찾아준 친구들의 마음을 느낀 보라도 점점 친구들을 겉돌지 않게 되었다.

보라가 친구 문제로 화가 난 어느 날 공격적인 글(아이들 사이에서 저격글이라고 부른다)을 올렸다. 이름은 밝히지 않았지만 글을 읽은 아이들로 하여금 누구인지 알게 하는, 사이버 폭력이라 명명되는 글이었다. 그 글을 보고 보라에게 마음 쓴 시간들이 아무것도 아닌 것 같다는 생각에 그날 나도 많이 힘들었다. 역시 사람은 변하지 않는 건가 하는 생각과 함께 속상함과 실망, 분노의 감정들이 마구 나타났다 사라졌다. 그럼에도 불구하고 보라의 저격글을 사이버 폭력으로, 학교폭력으로 다루고 싶지는 않았다. 그래서 아이들의 집단지성을 믿어보기로 했다.

보라라고 이야기하지는 않았지만 회의를 여는 이유를 대략적으로 설명하고 저격글에 대한 아이들의 생각과 그에 대한 해결책도 찾아보았다. 아이들은 솔직하게 저격글에 대해 '미

성숙한 행동' 혹은 '한심한 행동', '비열한 행동'이라는 의견을 주었고 모두가 저격글을 쓰지 않기로 의견을 모았다.

그날 오후, 보라의 생활기록장에서 저격글을 쓴 것을 후회한다는 내용을 보게 되었다. 보라의 후회가 진심이라는 것이 느껴졌고, 학급회의 하길 잘 했다 싶었다. 또한 이 일로 보라가 한 뼘 더 성장했을 것이라 믿었다.

6학년 졸업이 가까워진 어느 날, 수업을 마치고 바로 출장을 가야 할 날이 있었다. 아이들에게 오늘은 출장이 있어서 교실 문을 일찍 닫는다고 종례 시간에 양해를 구하고 교실에 올라왔는데, 보라의 편지가 놓여 있었다. 간식과 함께….

'선생님, 출장 가서 출출할 때 드세요. 제 입에는 맛있었어요.'

주책없이 눈물이 났다. 과자 맛은 모르겠다. 몇 년 전에 받은 건데 아까워서 아직까지도 뜯지 못했다. 왠지 포장지 안에 과자가 아닌 보라의 마음이 담겨 있을 것 같아 그대로 간직하고 싶었다. 내가 받은 최고의 선물이었으니까.

보라의 변화를 이끌어낸 것은 내가 좋은 교사라서가 아니라 지금보다 더 나아지고 싶은 보라의 강한 내적 힘이었다. 또한 학급 아이들이 보라를 믿어주고 기다려주었기에 가능했다. 아이들을 믿어주고 한발 물러나 기다려주다 보면 아이들이 스스로 학급을 긍정적으로 이끌어가는 것을 보라와 아이들을 통해 깨달았다. 학급 분위기는 아이들이 만들어간다. 앞으로 교실에서 만나는, 만나게 될 많은 보라에게 응원의 말을 전한다.

아이 눈높이로 이해하기

'원래 그런 아이'는 없습니다. 겉으로 보이는 행동은 거칠고 때로는 반항에 가까울지라도 그조차 할 말이 있다는 절박한 언어입니다. 이러한 행동들이 아이들의 언어임을 알아차린다면 눈으로 보는 것이 아닌, 마음으로 '보는' 것이 가능해집니다. 아이를 마음으로 보기 시작한다면 시간을 넉넉히 잡아야 합니다. 3월에 만난 보라가 졸업할 때쯤 감동을 준 것처럼 말입니다. 넉넉하고 여유로운 마음으로 아이들을 바라볼 때, 어느 순간 아이들 마음의 문이 스르륵 열릴 것입니다.

네가 뭔데
우리 쌤 욕을 하냐?

교실에 들어섰다. 난장판이다. 와글와글 떠드는 아이들을 나에게 집중시키기 위해 단전에 힘을 주고 크게 소리쳤다.

"여러분, 조용히 앞을 보세요."

내 딴에는 꽤나 단호한 말투였다. 갑자기 와글거리는 소음이 조금 줄어드나 싶더니 나보다 키가 한 뼘쯤 큰 한 남자아이가 나를 똑바로 쳐다보며 말했다.

"싫은데요?"

내가 잘못 들은 건가? 교실에 불편한 침묵이 감돌았고 떠들던 아이들은 싸움 구경하듯 남자아이와 나를 번갈아 바라보며 다음 장면을 기대하고 있었다. '이대로 있어선 안 돼…. 여기서 물러나면 일 년이 힘들 거야… 어떻게 하지?' 등에 식은 땀이 흘렀다. 이러지도 저러지도 못하는 상태로 시간이 흘러

갔다. 차라리 꿈이었으면 좋겠다… 꿈이었으면… 꿈이었다.

'오늘도 무사히'라는 말을 좌우명 삼아 하루하루 버티던 나는 둘째를 임신하자마자 고령의 고위험 산모임을 핑계로 바로 휴직했다. 그로부터 꼬박 5년을 연달아 휴직했다. 5년은 길고도 짧았다. 5년의 시간을 뒤로하고 6학년에 배정받아 복직을 기다리다가 개학이 며칠 앞으로 다가온 어느 날, 악몽을 꾸었다. 그 무렵 나는 지난 10년의 경력이 없는 듯 느껴졌다. 그도 그럴 것이 가진 자료도 기억도 없었다. 게다가 복직 첫해부터 사춘기에 있는 6학년 아이들이라니 복직의 연착륙을 꿈꾸던 나는 개학도 하기 전에 숨이 턱 막혔다. 꿈도 나의 그런 답답함과 막막함을 생생히 보여주고 있었다.

어떻게든 버텨야 한다고 비장하게 마음먹고 개학을 맞았다. 내가 들어선 교실은 다행히 꿈속의 교실은 아니었다. 교실은 조용하고 아이들은 꿈속에서 보았던 아이들과는 다르게 아직 5학년 티를 벗지 못한 모습이었다. 그런 아이들을 마주하고 약간 안심이 되었다.

그 교실에 경수가 있었다. 허니문이라 불리는 짧은 적응 기간이 지나갔다. 나도 아이들도 점점 본모습을 드러내기 시작했다. 경수가 당황스러운 것은, 종잡을 수 없는 분노의 포인트였다. 경수는 장난을 굉장히 많이 치고 좋아했다. '저래도 되나…' 싶은 과한 장난도 서슴없이 행하곤 했다. 그런데 받아줄 법도 한 아주 작은 장난에는 불같이 화를 냈다.

어느 날 경수가 이발을 하고 검은색 모자를 눌러쓰고 왔다. 짓궂은 남자아이들이 그렇듯 대성이가 경수의 모자를 확 벗겼다. 그 순간 경수는 자기 자리로 돌아갔다. 아이 씨! 하는 억울한 추임새를 연발하며 의자를 발로 차고 주먹으로 책상을 내리치고 눈에 눈물을 가득 담고 엎드려버렸다.

대성이는 아마도 경수가 자신을 잡으러 오기를 바랐던 것 같다. 그러한 상황이 오면 친구들에게 모자를 전달하며 약을 조금 올리다가 모자가 경수 손에 들어가면 장난을 마무리하려고 했을 것이다. 그런데 경수의 격한 반응은 대성이에게도 뜻밖이었을 것이다. 대성이는 엎드려 있는 경수의 머리에 모자를 씌어주고 바로 사과했지만 쉬는 시간이 다 가도록 경수의 마음은 풀리지 않았다.

또 어느 날은 수업 시간에 자료조사가 필요해 컴퓨터실에 갔다. 한참 자료조사 방법을 설명하고 있는데 경수가 "선생님, 섹* 가 뭐예요?" 하고 다짜고짜 큰 소리로 물어봤다. 옆에서 장난꾸러기 찬유가 웃고 있다. 나를 당황시키려는 의도가 분명해 보였다. 꿈속에서는 등에 식은땀을 흘리며 붙박이처럼 서 있었지만 현실에서는 그러면 안 된다. 아직 성에 눈뜨지 못한 아이들과 이성에게 폭발적인 관심을 가진 아이들이 혼재하는 학급이라 더욱 그랬다. 나는 20세기 교사처럼 소리쳤다. "나가!"

그나마 경수를 위한 배려라면 그 안에서 나의 불편한 감정과 화난 마음을 바로 표현하지 않은 것이다. 보통 이런 상황에서 내가 경험했던 아이들은 조용히 밖으로 나가 교사의 처분을 기다린다. 하지만 그 순간 경수는 억울한 표정으로 눈물까지 글썽이며 거친 호흡을 내쉬고 있었다.

왜 그랬는지 물었다. 정말 궁금해서 물었다면 지금 이 자리에서 섹*가 뭔지 알려줄 것이고, 알면서 물은 거라면 왜 그랬는지 설명해달라고 했다. 경수는 아무 말도 하지 않았다. 대답을 기다렸지만 쉬는 시간이 다가와서 아이들이 와글거리며 복도로 쏟아져 나와도 묵비권을 행사했다. "수업 마치고 남아서 이야기하자." 더 기다릴 수 없어 이 말을 남기고 자리를 떠났다. 경수는 주먹으로 벽을 힘껏 치며 자신의 억울함을 토로했다. 그렇다. 그건 억울함이었다.

수업이 끝난 후 경수와 이야기해보려 했지만 헛수고였다. 이대로 물러설 수 없어서 다음날도 경수를 남겼다. 몇 시간을 기다려 함께 퇴근하면서 계속 이야기해보려 시도했지만 경수는 말을 하지 않았다.

나중에 보니 경수는 말로 표현하는 방법을 몰랐다. 마음 속에 소용돌이치는 분노가 턱밑까지 왔는데, 꺼내지 않으면 죽을 만큼 힘든데 폭탄을 들고 어찌할 줄 몰라 여기저기 작은 화만 내었다. 이야기를 들어주고 싶다는 선생님에게 말로 표현하기 힘들어했다.

　　경수는 마음이 여리고 예민한 아이였다. 친구들 말로는 3학년 때까지 말이 없고 얌전한 아이였다고 한다. 어릴 때 출장을 가고는 한 번도 만나지 못한 아빠, 아빠의 이름도 알지 못하는 경수는 교사를 비롯한 기성세대에 적대적이었다. 경수 마음의 베이스캠프는 또래 친구들이었다. 엄마는 경수의 말과 행동에 영향을 미치지 못한 지 오래였다. 감당이 안 된다고 했다.

　　늦은 시간까지 놀이터로, 학교 운동장으로 친구들과 다니며 허전함을 달랬고, 옆 학교 아이들과의 싸움에 말려들기도 했다. 인근 경찰서에 가서 피해를 입힌 상대 아이에게 고개 숙여 죄송하다고 사과하는 흔치 않은 경험도 했다. 5월쯤 되니 점차 경수가 이해되면서 경수의 마음이 궁금해졌다. 나는 경수의 이야기를 들어주고자 했지만 경수는 끝내 털어놓지 않았다.

　　경수의 마음은 공동묘지처럼 황량했다. 감당이 되지 않아 여기저기 임시로 덮어놓기만 한 기억들은 언제 터질지 모르는

지뢰처럼 위태위태했다. 경수가 친구들과 모여 담배를 피웠다는 이야기가 들려온 어느 날, 남아서 경수와 이야기하다가 왈칵 눈물이 났다. 경수가 담배에 손을 댄 것은 호기심 때문만은 아닐 것이다. 지뢰밭으로 변한 마음을 해소하기 위한 절박한 몸부림이었을 것이다. 어떻게든 살아보려고 몸부림치는 경수를 보자 안쓰럽고 내가 해줄 수 있는 일이 없는 것 같아 눈물이 났다.

학생 앞에서 울면 안 되는데…, 생각할수록 눈물은 더 흘렀고 목소리도 심하게 떨렸다. 감정 제어가 되지 않았고 울음을 삼킨다는 것이 이런 것이구나 하는 잠깐의 자각도 들었다. 내내 고개를 숙이고 있던 경수가 놀란 눈으로 고개를 들더니 내 눈을 빤히 쳐다봤다. 나는 너무 당황스러워 대충 수습하고 내일 이야기하자 하고 서둘러 경수를 집으로 돌려보냈다.

지금 생각하면 나의 감정을 숨기려고만 하지 말고 그냥 울어버렸으면 어땠을까 하는 마음도 든다. 그러고도 나는 경수 마음의 불씨를 끄기 위해 방과 후에 남겨 이야기를 들어보려 노력했지만, 마음이 굳게 닫힌 경수는 '저는 별로 할 말이 없는데요?', '그냥 보내주시면 안 돼요?' 하는 말만 반복할 뿐이었다. 상담을 반드시 해야만 하는 사건이나 사고가 아니고서는 굳이 자신의 의견이나 마음을 말로 표현하지 않았다.

그 후에도 학교폭력 직전까지 갔던 일을 비롯해 여러 크고 작은 사건 속에서 경수의 억울함이 생기지 않도록 주의를 기울였다. 그렇지 않아도 마음이 지옥일 아이에게 나까지 하나를 보태고 싶지 않았다. 졸업하던 날, 아이들에게 마지막으로 하고 싶었던 말을 꺼냈다.

"…여러분의 이야기를 많이 들어주고 싶었는데 그러지 못한 것 같아 아쉬움이 많이 남아요. 마음이 답답할 때, 아무리 둘러봐도 마음 편히 내 이야기를 들어줄 사람이 없을 때 선생님이 잠깐이라도 생각난다면 연락해요. 함께 교실에 있을 때는 그러지 못했지만, 교실이 아닌 곳에서 선생님은 무조건 여러분 편에 설 거예요. 절대 그런 일이 생기면 안 되겠지만 혹시라도 매우 큰 범죄를 저지른다 해도 선생님은 여러분이 그럴 만한 이유가 있었겠지… 마음 아프게 생각하고 여러분 편에서 이야기를 들을 거예요…."

이 말을 하는데 눈물이 쏟아졌다. 그날은 눈물을 참지 않았다. 아이들이 졸업하고 다음 해에도 6학년을 맡았다. 개학을 앞둔 어느 날 단체톡방에 경수가 캡처글을 올렸다. 제목은 "우리 선생님 제자들 어디에 있니?"였다. 무얼 말하고 싶었을까?

우리 반에 배정된 남학생 한 명이 새로 만나게 될 담임선생님이 궁금했는지 그해 졸업앨범에서 내 사진을 찾아 친구들 톡방에 '이상한 선생님 반에 배정됐다'며 장난삼아 올렸다. 우연히 경수가 친구에게 그 내용의 캡처본을 받았고 분노한 경수가 후배 아이에게 톡으로 욕을 퍼부었다. "네가 뭔데 우리 쌤 욕을 하냐? 우리 쌤이 얼마나 훌륭한 분인데 너 따위가 감히…, 너 학교에서 보자. 내가 찾아갈 테니 너 좀 맞아야겠다." 하고 폭풍같은 분노를 쏟아냈다. 겁에 질린 후배는 "제가 잘못했어요. 훌륭한 분인 줄 모르고 죄송합니다. 학교에는 오지 말아주세요. 사진은 내릴게요." 하고 수습했다.

이후 코로나로 등교가 많이 미루어져 큰 사건으로 확대되지는 않았지만 경수가 흥분해 욕설과 함께 그 아이에게 내뱉었던 투박한 말 속에서 나는 경수의 진심을 보았다. 경수가 '우리 쌤'이라고 불러준 그 말이 '훌륭한 분'보다 더 크게 마음

에 와 닿았다. 어쩌면 나의 별칭이 '우리 쌤'인 것도 경수의 영
향인지 모르겠다.

지인의 남편이 사고로 세상을 등졌는데 6학년인 아이가 상처받을까 염
려되어 아빠가 갑자기 해외로 출장을 가게 되었다고 거짓말을 하고 장
례를 치렀다는 이야기를 들었습니다. 정말 아이가 모를까요? 나중에 알
게 되면 아빠의 장례식조차 가지 못한 아이가 어떤 생각을 할까요?

6학년이면 충분히 사실 관계를 따져 받아들이고 합리적으로 생각할 수
있는 시기입니다. 오히려 '어른의 일'이라고 숨기면 논리적으로 미루어
짐작했을 때 알고 있지만 아는 척도 하지 못하고 마음속으로 걱정과 상
처를 키우는 경우가 종종 있습니다.

아이에게 상처가 될 것이라는 걱정으로 숨기지 말고, 솔직히 말하고 대
화를 통해 함께 어려운 상황을 헤쳐 나가자고 하면 아이는 처음에는 어
렵고 혼란스럽겠지만, 스스로 마음을 다잡고 제자리로 돌아올 수 있습
니다. 내가 '존중받고 있다'고 생각하니까요. 존중이란 아이를 어른처럼
대하는 것입니다. 6학년 아이는 부모님이 생각하시는 것처럼 어리지 않
습니다.

엄마에게 혼날까봐 컨닝했어요

1학년 아이들과 만나던 해였다. 1학기의 끄트머리쯤 아이들의 적응기간이 끝나고 받아쓰기 시험을 치르는 시기였다. 아이들도 부모님도 수치화된 점수를 처음 받아보는 시험이라 그런지 받아쓰기에 대한 반응은 상당히 뜨거웠다. 부모님 단체 톡방에 받아쓰기에 관한 이야기가 활발히 올라오고 있다는 말을 바람결에 들었다. 100점 맞은 아이의 부모님은 사진으로 인증한다고도 했다.

나의 학창시절에도 단어와 맞춤법을 배우며 받아쓰기를 한 기억이 있다. 시험을 치는 순간에 긴장이 많이 되긴 했지만 영어공부에 단어시험이 빠지지 않듯 말을 배워가는 아이들에게도 받아쓰기는 필수다. 특히 요즘처럼 인터넷의 신조어와 유행어에 노출이 잦은 아이들은 고학년이라 할지라도 단어나

기본적인 맞춤법에 많이 약하기 때문에 처음 말을 배우는 1학년 아이들의 받아쓰기는 더욱 중요한 코스가 되었다. 문제는 시험 점수에만 집중된 관심이었다.

어느 날 시험을 치르는 데 연지가 책상 밑으로 책을 꺼내 답을 보려고 시도했다. 시험 점수를 잘 받고 싶은 아이들이 종종 책을 보려고 시도하는데 연지는 의외였다. 연지는 말이 없고 감정을 잘 드러내지 않는 모범생에 가까운 아이였다. 조심스럽게 연지를 불러 물었다.

"연지야, 받아쓰기 시험을 보는 중에 책을 보고 쓰는 것을 봤어. 왜 그랬는지 말해줄 수 있을까?"

이유를 물었더니 안절부절하다가 와락 울음을 터뜨렸다. 연지를 달래가며 이렇게 저렇게 물어보다가 컨닝한 진짜 이유를 들을 수 있었다.

연지는 엄마가 무서웠다. 엄마는 연지가 받아쓰기에서 100점을 받기 원했다. 받아쓰기에서 어쩌다 하나만 틀려도 불같이 화를 내고 연지를 다그쳤다. 어른에게는 당연하고 쉬워 보이는 단어를 틀리는 아이가 엄마로서 이해되지 않을 수 있지만, 연지에게 새로운 단어를 암기해야 하는 받아쓰기는 어려운 시험이었다. 결국 시험을 치르다가 잘 모르는 단어가 나왔을 때 불안감을 이기지 못하고 잘못인 줄 알면서도 책상에 있는 책을 펼쳤을 것이다.

어린 시절 나도 거짓말을 잘했다. 내 주변에는 무서운 어른들이 많았다. 나는 어른들의 꾸중을 들을 때마다 무서웠고 그럴 때마다 작아졌다. 특히 내가 납득할 수 없는 억울한 상황이 생겼을 때 내 이야기를 듣지 않고 결과로만 다그치는 어른들에 대해서는 분노의 감정마저 일었다. 하지만 나는 약한 존재였기에 어른들에게 대적할 수 없었고 분노의 우회적 표현으로 거짓말을 했다.

거짓말을 하면 편했다. 진실을 말해도, 거짓말을 하다가 들켜도 어차피 혼나는 거라면 거짓말을 하다가 혼나는 쪽을 택했다. 간혹 거짓말이 성공적이면 혼나지 않고 지나갈 수 있었기 때문이다. 선생님이 내주신 수학익힘책 숙제를 전과를 보고 베껴갔을 때도 나는 내가 풀어왔다고 표정 하나 바꾸지 않고 거짓말을 했다. 선생님이 내가 풀었다고 믿게 하기 위해 몇 문제쯤 실수로 틀린 것처럼 오답을 적어내기도 했다. 선생님이 아셨으면 영악하다고 엄청 혼났을 테지만 그때의 나는 거짓말에 대한 죄책감이 없었다. 그것은 일종의 자기방어 수단이었다. 거짓말은 강한 어른들에게서 나를 보호하는 수단이었다.

어린 시절 거짓말 천재였던 나는 어느 순간 거짓말을 내려놓게 되었다. 더 이상 거짓말로 나를 보호할 필요가 없어졌음을 자각했던 순간이 시작이었다. 연지를 만나며 거짓말을 밥 먹듯 했던 그 시절의 내가 떠올랐다. 연지도 어느 순간 거짓말을 내려놓을 때가 있을 것이다.

연지와의 이야기가 끝나고 받아쓰기 점수화에 대해 고민이 깊어졌다. 어느 날 선배 교사와 대화 중 고민을 털어놓았더니 무릎을 탁 칠만한 해답을 주셨다. 보통 10문제로 이루어진 받아쓰기를 10점씩 100점으로 환산해 점수를 준다. 하지만 90점을 기본점수로 주고 틀린 문제당 1점씩 감점하면 0점을 맞아도 90점은 된다. 이렇게 채점 방식을 바꾸면 아이들에게 점수에 대한 부담을 덜어줄 수 있다. 심지어 '선생님, 받아쓰기 시험 또 언제 봐요?' 하는 신기한 말도 아이들 스스로 한다고 했다.

그날 이후 나의 기본점수는 90점이다. 20문제면 80점부터 시작한다. 기준을 바꾸면 시험도 바뀐다. 학교에서 활용되는 단원평가의 채점 방식도 익숙한 백분율이 아닌 스스로의 피드백을 위한 절대평가의 잣대로 활용되었으면 좋겠다.

아이 눈높이로 이해하기

아이들은 거짓말을 잘합니다. 하지만 아이들의 거짓말은 사기꾼이 될 떡잎이 아닙니다. 그것은 아이들이 솔직하게 말하지 못하는 강한 무언가에 눌려 있다는 또 다른 반증일 수 있어요. 아이들이 거짓말을 한다면 꾸중보다는 '왜 그랬어?' 하고 이유를 물어보아야 합니다. 다그치지 않는 부드러운 말투로 아이의 눈을 맞추며 진심으로 이유를 궁금해 하면 아이들은 자신의 이야기를 꺼내놓을 거예요. 위기의 또 다른 이름은 기회입니다. 아이의 거짓말을 위기가 아닌 대화의 기회로 삼는 지혜가 어른들에게 필요합니다.

아이는 약하고
이기적이지 않다 (1)

　코로나 시대를 지나 전면 등교의 시기, 익숙하면서도 달라진 풍경은 영어나 음악 등 전담 선생님 시간에 아이들이 교실을 옮기지 않고 교사가 옮긴다는 것이다. 책상을 공유하는 것에 대한 안전상의 염려가 큰 탓이다. 그날도 수업을 마치고 생활기록장을 한아름 들고 연구실로 향하던 중이었다.

　복도에 우리 반 연우와 10반 민수가 대치하고 있었다. 민수가 반가워서 가까이 다가갔는데 분위기가 심상치 않다. 옆에 있던 인성이가 "선생님, 둘이 싸우기 직전이에요… 하고 알려준다. 그러고 보니 민수의 눈빛이 심상치 않다. 평소 순한 연우 눈빛에 강한 공격성과 날카로움이 묻어 있다. "민수야, 연구실로 가자" 하며 민수를 밀었지만 밀려나지 않았다. 선생님이 있음에도 입으로 중얼중얼 욕하는 것을 보니 감정이 극에 달해 있었다.

　이럴 땐 아이도 교사가 눈에 보이지 않는다. 그 순간 과학 수업에서 실험 도구로 쓰던 드라이어가 큰 소리를 내며 바닥으로 떨어졌다. 이럴 땐 내가 짐이 많은 것이 다행이다. 드라이어가 떨어지는 소리에 아이들이 잠시 산만해진 사이 민수의 손목을 잡아끌다시피 해서 연구실로 들어왔다.

　"민수야, 화가 많이 났네." 민수는 씩씩거리며 말이 없다.

　"무슨 일 있었니? 선생님이 아는 민수는 함부로 주먹을 쓸 아이가 아닌데."

　"연우가 제 가방을 발로 찼어요. 그래서 가방 안에 있던 핸드폰 액정이 깨졌어요."

　"민수 가방을? 많이 속상했겠다."

　"민수는 어땠어?"

　"너무 짜증나고 화가 나서 연우를 한 대 때리고 싶었어요. 아이들이 제 물건은 건드리지 않는데, 그걸 알면서도 발로 찬 게 너무 화가 나요…."

　민수의 입장에서 보면 화가 날만 하다. 평소 전교 단위로 싸움을 잘 하는 민수의 물건인 줄 알면서도 연우가 망가뜨렸다는 것, 친한 친구에게 맡긴 가방이 발로 차이고 심지어 핸드폰까지 망가졌다는 것은 자신에 대한 도전이자 응징의 대상이었을 것이다. 어젯밤 잠도 못 잤다고 한다. 화가 풀리지 않은 채로 쉬는 시간에 연우를 만나자마자 세게 한 대 쳤다고 한다. 그런데도 분이 안 풀려서 또다시 교실로 찾아온 것이다. 정말 싸울 마음을 먹었나보다. 그렇다면 연우는 왜 그랬을까? 다음 쉬는 시간에 연우를 만났다.

"연우야, 무슨 일 있었어?"

연우의 이야기는 전날 점심시간부터 시작되었다. 농구를 하는데 민수가 고의로 몸으로 부딪혀서 자신이 위험하게 넘어졌단다. 많이 아팠고 페어플레이가 아니라는 생각에 화도 났단다. 며칠 전 친한 친구인 민성이가 같은 방식으로 당하는 것을 본 터라 연우에게도 똑같은 패턴으로 민수가 반칙을 해서 더욱 화가 났단다. 민수는 사과도 하지 않은 채, 아파하는 연우를 힐끔 보고 공을 쫓아 가버려서 더 분노만 쌓였다. 연우는 민성이에게 마음을 많이 쓰고 있었다. 민수가 민성이에게 이유 없이 많이 맞는다고 생각하고 있었기 때문이다. 그렇게 차곡차곡 민수에 대한 감정이 쌓였고 그날 폭발한 것이다.

저녁에 친구들과 놀고 있는데 태규가 민수의 가방을 들고 나타났다. 분노한 연우는 민수의 가방을 발로 세게 찼다고 한다. 다음 날 민수가 교실로 찾아왔고 가방을 망가뜨린 대가로 "너 좀 맞자"고 해서 민수가 주먹으로 연우의 손바닥을 세게 때렸다. 이제 끝났다고 생각했는데 다음 쉬는 시간에 또 찾아와 화를 냈다고 한다. 한 판 붙자는 식으로…, 힘은 세지만 섬세하고 마음이 여린 연우는 눈물을 뚝뚝 흘렸다.

"민수가 너무 싫어요….'

다음 쉬는 시간, 연구실에 민수와 마주 앉았다.

"민수는 이 일을 어떻게 해결하고 싶어?"

"연우를 때리고 싶어요.'

"그 정도로 화가 많이 났구나…. 그런데 민수야. 연우를 때리면 그 이후에는 어떻게 될까?"

"쌤한테 불려가겠죠.'

"그 이후에는?"

"혼나겠죠.'

"그 이후에는?"

"…….'

"선생님이 알기로 민수가 1학기에 비슷한 일이 몇 번 있어서 한 번 더 이런 일이 생기면 학교폭력으로 다루어질 수 있다고 들었어. 선생님은 민수가 학교폭력으로까지는 가지 않았으면 해. 연우를 때리면 순간적으로 화는 풀리겠지만 마음에 남는 것이 많겠지. 선생님이 도와줄 테니 연우와 대화로 풀어보면 어떨까?"

"…네."

"그럼 점심시간에 만나자."

점심시간, 연구실에 두 아이와 함께 모였다. 시간이 짧아 간단히 대화 규칙을 설명하고 사전모임에서 나눈 두 아이의 이야기를 합쳐 교사가 들려주는 방식으로 진행했다. 조정 방식은 회복적 생활교육의 회복적 질문에 기반해 이루어졌다.

1. 인사와 규칙 소개

"참석해주어서 고마워. 점심시간에 한창 놀고 싶을 텐데 대화모임에 온 만큼 좋은 해결책을 찾아서 서로 편안해졌으면 좋겠어."

"이 대화모임에는 규칙이 있어. 첫째, 상대방이 말할 때 경청해야 해. 말을 중간에 끊거나 비난하지 않았으면 해. 이야기는 공평하게 차례를 기다려 하게 될 거야. 둘째, 오늘 문제에 관해서는 이 자리에서만 이야기했으면 해. 나중에 따로 만나거나 카톡 등으로 하지 않았으면 해. 셋째, 비밀을 지켜주어야 해. 이 자리에서 한 이야기는 우리끼리의 비밀인 것으로 해야 해. 지켜줄 수 있을까?"

고개를 끄덕인다. 아직 민수는 화가 많이 나 있다. 상대적으로 힘의 우위에서 밀리는 연우는 고개를 푹 숙이고 있다.

2. 상황 이해_교사 이야기

"먼저 둘의 이야기를 들으면서 선생님이 알게 된 것을 이야기할게."

둘의 이야기를 합쳐서 이틀 전, 점심시간에 농구를 하면서 신체적 충돌이 시작되었던 부분부터 지금까지의 상황을 들려주었다.

3. 상황 파악 1_농구하면서 몸싸움했던 이야기

"연우야, 민수가 반칙했을 때, 어떤 마음이었니?"

"농구를 하다보면 그럴 수 있다고 생각해요. 그런데 민수는 경기를 하는 것이 아니라 일부러 몸을 노렸어요. 처음엔 그런 생각 안 했는데 바로 민성이에게 다가가 몸으로 부딪히는 것을 보고 일부러 그랬다고 생각했어요. 게다가 사과도 안 하고 바로 가버리니 더욱 고의였다고 판단했어요."

"연우도 농구에 진심인 편인데 몸싸움은 이해가 가지만 몸싸움 후에 사과를 안 한 것이 속상하고, 민성이가 당하는 것을 보니 일부러 했다는 쪽에 더 확신이 들어서 속상하고 화가 났다는 말이네?"

"네."

"민수야, 연우의 마음이 이렇다고 하는데, 민수의 그때 마음은 어땠는지 이야기해줄 수 있을까?"

"저는 공을 보고 몸싸움을 했어요. 공이 가는 방향에 연우가 있어서 몸싸움을 했어요."

"그랬구나. 혹시 연우가 넘어진 것 봤니?"

"네. 조금 미안했는데 공이 다른 쪽으로 가서 공을 따라 뛰어갔어요."

"아~ 미안한 마음이 있었는데 경기가 진행되는 바람에 표현할 시간이 없었다는 거지?"

"네."

"연우 이야기를 들어보니 어떠니?"

"연우가 많이 아프고 속상했을 것 같아요."

"그랬구나. 연우는 민수 이야기를 들어보니 어떠니?"

"민수도 고의로 그렇게 한 것은 아닌 것 같아요."

4. 상황 파악 2_민수의 가방 이야기

"민수에게 물어볼게. 민수에게 핸드폰은 어떤 의미니?"

"제가 가진 물건 중 가장 아끼는 물건이에요."

"핸드폰이 망가져서 돌아왔을 때, 어떤 느낌이었니?"

"일단 내 가방인 줄 알면서 발로 찼다는 게 화가 났어요. 게다가 핸드폰 액정까지 깨진 것을 보니 더 화가 났어요."

"그렇구나. 액정이 깨져서 어쩌지?"

"연우가 수리비를 다 물어주면 좋겠어요."

"그래. 그런 마음이 들 수 있어. 내 가방이 함부로 대해지고 그 안에 있던 핸드폰까지 고장 나서 많이 속상하다는 말이지?"

"네."

"연우야, 민수의 이야기를 들으니 어떤 생각이 드니?"

"민수의 핸드폰을 망가뜨려서 미안한 마음이에요."

"연우는 왜 그랬는지 이야기해줄 수 있을까?"

"저는 민수보다 싸움을 잘하지 못하니까 몸싸움이 있었을 때는 민수에게 바로 말하지 못했는데, 민수 가방을 보니 참았던 화가 갑자기 솟아올랐어요. 위험하게 반칙했던 생각도 나고."

"망가뜨릴 생각이 있었니?"

"아니요. 화가 나서 가방을 발로 차고 보니, 가방에 발자국이 나서 먼지를 털었는데, 가방 안에 있던 핸드폰이 그렇게 고장 날 줄은 몰랐어요. 민수가 아끼던 핸드폰이 망가졌다고 하니 미안해요."

"연우는 점심시간에 화가 안 풀린 상황에서 민수 가방을 보니 다시 화가 났고 그래서 가방에 화풀이를 했구나. 그 안에 무언가를 망가뜨릴 생각은 없었고."

"네."

"그럼 그 이후 이야기를 해볼까?"

"민수는 가방이 발로 차인 것을 알고 어떤 마음이었니?"

"어젯밤에 너무 화가 나서 잠도 안 왔어요. 그래서 오늘 쉬는 시간에 연우에게 갔어요. 복도에서 내 가방을 발로 찼으니 너도 한 대 맞아라 했어요. 그래서 주먹으로 연우 손바닥을 한 대 세게 쳤어요. 그런데도 화가 안 풀려서 다음 쉬는 시간에 불러냈어요."

"불러내서 어떻게 하고 싶었어?"

"때리려고 했어요."

"한 대 때린 걸로는 화가 안 풀렸나보구나."

"네. 연우가 맞고 나서 별로 안 아프다고 했어요. 그래서 부족하다고 생각했어요."

"그럼 연우는?"

"저도 제가 가방을 발로 찬 것은 잘못했다는 생각이 들어서 한 대 때리라고 했어요. 주먹으로 한 대 때리고 끝났다고 생각했는데 또 와서 싸우자는 식으로 이야기해서 교실에서 나가지 않고 있었는데 우리 반 교실 복도로 와서 제가 나오기를 기다렸다가 다시 싸움을 거니 화도 나고 당황스럽기도 했어요."

가방을 발로 찬 연우도, 가방 주인 민수도 '맞을 짓'을 했다는 사실에 동의하고 있다. 세상에 '맞을 짓'이 어디 있는가? 이야기를 하다 보니 싸움의 출발점은 이러한 인식인 것 같다.

"민수야, 아까 맞을 짓을 했다고 했잖아. 혹시 너도 맞을 짓을 한 적이 있니?"

"저 많이 맞았는데요…. 집에서도…."

"집에서 잘못하면 맞았니?"

"네. 엄마가 잘못하면 때리는데요."

"가장 최근에 맞은 적이 있을까?"

"5학년 때 친구 장난감을 망가뜨렸는데 엄마가 자로 때렸어요. 그런데 그 자가 부러졌어요."

"자가 부러질 만큼 세게 맞았구나… 어떤 마음이었어?"

"아프고 화도 났어요."

"이야기를 듣는 선생님도 너무 속상하네. 얼마나 아팠을까? 일부러 그러지는 않았을 것 같은데."

"네."

"그런데 민수야, 엄마한테 맞는 그 순간에 장난감 주인에게 미안한 마음이나 다시는 그러지 말아야겠다는 생각이 들었니?"

"아니요. 돈만 물어주고 끝났는데요."

"맞는 것으로는 미안한 마음도, 반성의 마음도 생기지 않았다는 말이구나."

"네."

"엄마가 어떻게 했으면 민수가 그 순간에 그러지 말아야지… 하는 마음을 먹을 수 있었을까?"

"…다음에는 그러지 말라고 말로 했으면 그런 마음이 들었을 것 같아요."

"그렇구나. 그럼 민수야. 민수가 가방을 발로 찬 벌로 연우를 한 대 쳤는데, 그 상황에서 '연우가 다시는 그러지 말아야지…' 하고 민수에게 미안한 마음을 가졌을까?"

"…아니요."

"그럼 민수가 어떻게 해야 연우가 그런 마음을 가질까?"

"말로 해야겠어요."

엄마의 기억을 떠올려준 민수가 연우의 마음을 들여다보기 시작했다. 이야기는 점심시간을 조금 넘겨 끝이 났다. 연우와 민수는 위험한 반칙을 한 것, 핸드폰을 망가뜨린 것에 대해 사과를 주고받았다. 그리고 연우는 민수에게 화가 나도 말로 이야기할 것을 부탁했고, 민수는 연우에게 자신의 가방을 건드리지 말아달라고 부탁했다. 민수는 화가 나도 한 템포 참아보기로 했다. 그리고 일주일 후 다시 만나서 확인하기로 했다.

대화 모임을 마치면서 민수는 놀랍게도 핸드폰 수리비를 연우가 절반만 내주었으면 좋겠다고 했다. 화가 났을 때는 연우가 다 물어내야 한다고 했지만 절반 정도 화가 풀렸나보다. 돈 문제가 아이들 사이에 오가면 오해의 소지가 있으므로 교사를 통해 서로 주고받기로 하고 대화 모임을 마쳤다.

마지막에 소감을 물으니 둘 다 "후련했어요"라는 입장이었다. 민수의 행동 이면에 자신의 실수를 엄마에게 수용 받고 공감 받지 못한 경험이 있었다. 민수의 세계에서는 잘못하면 응보적 처벌을 받는 것이 어쩌면 정의가 아니었을까 생각해본다. 자라면서 민수는 당연히 엄마에게 배운 방식대로 행동했을 것이고 그럴수록 친구들은 힘이 센 민수를 피하기만 했을 것이며, 민수는 알게 모르게 외로웠을 것이다.

대화 모임을 하면서 명확해지는 것이 있었다. 민수의 행동 방식은 민수의 잘못이 아니라는 것, 부모도 교사도 기성세대 누구도 민수에게 평화롭게 우정을 맺는 방법을 가르친 적이 없다는 것. 민수는 자신이 알던 대로 행동했을 뿐이었다. 그 행동반경이 크고 공격적이어서 모두 그렇게 하면 안 된다고 가르쳤다는 것, 피해를 입은 아이들에게 그저 피하라고 가르쳤다는 것. 겉으로 드러난 민수의 행동만 보고 민수의 옳고 그름을 판단하려 했던 내 모습도 반성했다.

그리고 우리 반 아이는 아니지만 마음 둘 곳 없는 민수를 위해 어렵지만 담임선생님에게 양해를 구해서 민수와 라포를 쌓고 평화롭게 우정을 만들어가는 방법을 도와주어야겠다 결심했다. 그동안 민수와의 크고 작은 대화 모임에서 약속한 바를 잘 지키려 노력했던 민수의 모습을 통해 충분한 가능성을 엿보았다. 오늘의 대화에서 민수는 연우의 마음을 공감하는 첫 발을 떼었다. 민수의 가능성을 믿어보기로 했다.

아이는 악하고
이기적이지 않다 (2)

연우와 민수를 조정하고 아이들도 후련해했지만 나 또한 교사로서 보람을 느꼈다. 교사가 쉬지 않고 공부를 지속해야 하는 이유이며 그동안 고민하고 배운 것들이 아이들 성장에 도움이 되었다는 생각에 더욱 뿌듯했다. '역시 갈등은 성장의 기회야!' 하고 속으로 되뇌었다.

행복감은 그리 오래가지 않았다. 민수와 연우의 조정 과정에 연우가 태규가 들고 있던 민수의 가방을 발로 차 분풀이하는 과정이 있었는데, 그날 밤 운동장에서 가방을 들고 있던 태규가 연우의 발길질을 이기지 못하고 그만 넘어져버렸다. 분한 마음에 민수 가방을 발로 찼지만, 힘이 센 민수의 가방을 발로 찼다는 자각에 정신이 번쩍 든 연우가 태규에게 민수에게는 말하지 말아달라고 부탁했다.

그러나 민수의 절친인 태규는 "나랑 싸워서 이기면?"이라는 애매한 말로 연우를 놀렸다. 그 과정에서 분노가 가시지 않은 연우가 태규를 10대쯤 주먹으로 때렸다. 상대적 힘의 열세에 있는 태규는 맞고만 있었는데, 연우의 눈빛을 본 주변 친구들의 만류로 상황이 종료되었다. 집에 가서 연우는 태규에게 카톡으로 사과의 메시지를 전했다.

그렇게 사과를 주고받으며 상황이 마무리되나 싶었는데 태규가 집에서 자신의 근황을 이야기하는 과정에서 이 사실이 부모님과 형들에게 알려지게 되었다. 크게 화가 난 대학생 형이 연우에게 따로 문자를 보내 저녁에 공원에서 만나자고 했다. 태규 아버지는 연우에게 따로 전화해 크게 화를 냈다고 한다. 걱정된 태규가 담임교사에게 털어놓으면서 이 문제가 전면에 떠올랐다.

연우와 태규의 조정 과정에서 누구도 이 문제에 대해 말하지 않았기에 나는 알 수 없었다. 태규 부모님은 연우와 부모님이 내교할 것을 강력히 요구했다. 그날 나는 거짓말을 조금 보태서 숨 쉴 시간도 없을 정도로 바빴다. 부모님들이 오시는 저녁 7시까지 생각할 시간 없이 계속 업무에 치여 있었다. 그리고 7시가 되어 연우와 연우 어머님, 태규와 양쪽 부모님, 태규 담임교사, 학교폭력 담당교사가 한자리에 모였다.

나로서는 처음 겪는 경험인데다 정신없이 몰아치는 업무에 생각할 겨를 또한 없었다. 준비 없이 들어간 모임에서 나는 참 부끄러웠다. 상황은 전날부터 잔뜩 화가 난 태규 아버님의 화풀이에 가까운 독주였다.

"연우야, 도대체 왜 그랬는지 이유를 듣고 싶다."

"왜 우리 애가 아무 반항도 안 했는데 주먹으로 쳤는지 너무 궁금합니다."

"남자 아이들끼리 서열이 있고 우리 애가 서열이 낮다지만 이건 너무한 것 아닌가요. 정말 화가 납니다."

격앙된 목소리, 화가 잔뜩 실린 말투는 중립적인 말로 표현하려는 태규 아버님의 노력과 별개로 연우에게 그대로 비난과 다그침의 회초리가 되었다. 연우와 태규 둘의 입장에서 문제의 원인을 찾고 다그쳐봐도 '연우가 반항하지 않는 태규를 10차례 때렸다'라는 단편적인 결론만 나올 뿐이다. 연우는 그대로 가해자가 되고 태규는 피해자가 된다. 입체적으로 봐야 연우에게도 이유가 있음을, 태규가 맞았음에도 불구하고 어른들에게 바로 말하지 않았던 이유가 있었음을 이해하게 된다.

연우는 한 마디도 하지 않았다. 계속 눈물을 쏟으며 흐느낄 뿐이었다. 내 마음에도 눈물이 흘렀다. 연우를 지켜주지 못한 미안함의 눈물, 연우의 폭력을 더 큰 폭력으로 돌려주고 있는 아버지를 보며 기성세대의 갈등 해결 방식이 너무나 폭력적이고 응보적이라는 것에 대한 속상함의 눈물이었다. 아버지의 분노가 가라앉자 대화 모임은 종결되었다. "너를 뭐라 하려 한 것은 아니니 내일부터 친하게 지내"라는 말이 연우와 태규에게 와 닿았을까?

아이들의 관계는, 특히 고학년 아이들의 관계는 어른들이 생각하는 것처럼 그렇게 단순하지 않다. 잔뜩 화를 내고나서 "내일부터 사이좋게 지내" 하면 하하 웃으며 지내는 관계가 아니다. 사춘기에 접어들기에 행동에 있어 정교하지 않을 뿐 마음은 세상 예민하고 잘 상처받는다.

연우의 행동에는 민수에 대한 분노가 켜켜이 쌓여 있었다. 평소에 폭력적인 방법으로 연우를 대한 민수에 대한 분노, 친구를 소중히 여기는 연우의 눈에 민수가 절친인 민성이를 거칠게 태클하는 것을 본 분노, 평소 민수가 민성이를 힘으로 괴롭힌다 생각한 것에 대한 분노와 걱정이 한꺼번에 폭발한 것이다. 민수와 친하게 지내면서 민수의 가방을 든 채로 운동장에 놀러온 태규를 보자, 그동안 민수에 대해 주체할 수 없게 쌓였던 분노가 한순간에 다시 올라왔을 것이다.

태규와 연우 둘만 놓고 보면 납득할 수 없는 감정과 행동이다. 그래서 태규 아버지는 더 화가 치밀었을 것이다. 어쩌면 어린 시절 비슷한 경험을 하셨을 수도 있고, 평소 표현하지 못하고 친구들에게 당하기만 하는 태규를 보며 가졌던 불편하고 불안한 감정이 오늘의 결과로 폭발한 것일 수도 있다. 결국 태규 아버지는 연우의 진짜 이야기를 듣지 못했다. 울먹이며 연우가 한 말은 딱 두 마디였다.

"정말 죄송합니다."

"태규에게 너무 미안해요…."

진심이었지만 교사도 태규도, 부모님 누구도 연우가 왜 그런지 궁금해하지 않았다. 그 순간 그 자리에서 연우는 가해자였기 때문이다. 연우 엄마조차 분노에 가득찬 태규 아버지 앞에서 연우 편을 들지 못했다.

답답했다. 폭력이란 무엇일까? 심리적으로 혹은 물리적으로 우월한 존재가 상대적으로 열등한 존재에게 입히는 심리적 또는 물리적 피해라고 정의한다면, 지금의 상황은 연우에게 명백히 폭력이다. 연우의 잘못된 행동을 바로잡는 과정에서 또 다른 폭력이 발생했다.

이 방법이 최선일까? 누구도 상처받지 않고 상처를 회복하며 잘못을 바로잡는 방법은 없을까? 그물의 한 가운데 속절없이 엉켜 있는 연우에게 가해지는 폭력을 보며 아차! 정신이 들었다. 그리고 아무것도 해줄 수 없었던 내 모습이 기성세대로서 참 부끄럽고 속상했다. 이건 아니야…. 이 방법은 아니야…. 나는 끝없이 속으로 되뇌었다.

그날 밤 잠을 이루지 못했다. 다음 날 아침, 그날은 수능일이었다. 1시간 늦은 등교 시간에 딱 맞추어 연우가 등교했다. 워낙 농구에 진심인 아이라 다른 아이들처럼 일찍 등교해서 농구를 할 줄 알았는데 연우에게도 어제 일은 참 아팠나보다. 연우와 이야기를 해야 했다. 장소는 옥상으로 오르는 계단을 선택했다. 복도 아래는 시끌시끌하지만 아무도 올라오지 않는 계단에 연우와 나는 나란히 걸터앉았다.

"연우야, 어제 잘 잤어?"

"네…."

"오늘 늦게 왔던데…."

"신발주머니를 안 들고 와서 집에 다시 다녀왔어요."

"엄마랑은 이야기 좀 했어? 뭐라고 하셨어?"

"뭐… 사고치지 말라고 하셨어요."

"그랬구나. 어제 일이 있고 선생님도 잘 못 잤어. 어제 선생님이 많이 바쁜 날이었거든. 태규 부모님이 연우와 연우 부모님을 만나기를 원한다 했을 때 일단 화를 풀어주어야겠다는 생각에 아무 준비 없이 어제 모임을 했어. 태규 부모님이 화가 많이 나고 학교폭력 이야기가 오가면서 큰일 났다는 생각이

들었거든. 그런데 모임을 하고 보니 선생님이 많이 잘못한 것 같아. 연우에게 이유가 있는 것을 알고 있었는데 잘못된 행동을 바로잡는 과정에서 연우가 너무 큰 상처를 입은 것 같아서 선생님이 참 미안했어."

"…제가 잘못한 건데요, 뭐."

"잘못된 행동을 한 것은 맞지만 연우가 상처받지 않고 행동을 뉘우치고 바로잡을 수 있는 다른 방법도 있었는데, 선생님이 그렇게 도와주지 못했어. 그 점이 선생님은 참 속상하고 연우에게 미안했어. 연우는 이렇게 속상하게 했지만, 다음에 연우와 같은 상황에 놓인 친구가 생기면 상처 입지 않도록 선생님이 더 많이 공부하고 노력할게. 약속해."

갑자기 눈물이 차올랐다. 담담하게 이야기할 수 있을 줄 알았는데 다시 감정이 일렁였다. 연우와 마주보고 앉지 않은 것이 다행이었다. 눈을 깜빡이고 눈앞에 흰 벽을 바라보며 차오른 눈물을 다시 넣어보려 안간힘을 써봤다.

"…선생님, 저는 괜찮아요."

차오른 눈물에 다시 눈물이 고여 주르륵 흘러내렸다. 나는 감정의 일렁임을 받아들였다. 흐르는 눈물을 애써 참지 않았고 그럴수록 자꾸 눈물이 흘러내려 말을 이어갈 수 없었다. 그래도 눈물을 꾹꾹 눌러가며 떨리는 목소리로 그 순간의 진심을 말했다.

"내가 안 괜찮아, 연우야…."

떨리는 목소리를 들었을까? 연우가 나를 본 것 같기도 했고 이상한 일이지만 찰나의 순간에 얼핏 마스크를 쓴 연우 입가의 웃음을 본 것 같기도 했다. 나는 한참을 말하지 못했고 원래 말이 없는 연우도 그랬다. 그렇게 침묵 속에 있다가 연우가 말을 꺼냈다.

"…그때… 저도 제가 왜 그랬는지 모르겠어요."

그 한마디가 어른들의 다그침 속에서 연우가 말하지 못한 진심이었음을 알아차렸다. 그 진심을 털어놓아준 연우… 다시금 고맙고 미안했다.

"그랬구나. 그게 연우의 진심이었구나. 말해줘서 고마워 연우야. 어른들도 화가 나면 자신이 왜 그랬는지 모르는 경우가 많아. 왜 그랬는지 모르는 걸 알아차렸으니 괜찮아 연우야. 선생님이 연우의 마음에 더 이상 나쁜 감정이 쌓이지 않도록 도와줄게…."

종이 울렸다. 교실로 돌아가야 할 시간,

"그리고 연우야…, 선생님이 울었다는 건 너와 나만 아는 비밀이다…. 너는 뒷문으로, 나는 화장실에 갔다가 앞문으로 들어갈게."

"네."

이후로 연우는 쉬는 시간이면 자주 내 책상으로 놀러 와서 이런저런 이야기를 하고 갔다. 일주일쯤 지난 후 연우와 민수는 다시 만나 서로 약속을 잘 지키고 있는지 확인했다. 두 아이는 서로 약속한 점들에 대해 잘 지키려 노력하고 있었다. 연우는 민수가 '착해졌다'고 말했다. 민수는 '재미는 없지만, 지금이 좋다'고 했다. 연우에게 큰 스트레스를 주던 민수와 민성이(연우의 가장 친한 친구)도 담임선생님의 동의를 얻어 대화 모임을 통해 조정을 했다.

두 아이의 조정도 원만히 잘 해결되었다. 두 아이의 문제는 서로 비슷한 취향―이를테면 농구와 자전거를 좋아하는 것―임에도 민수가 힘의 우위에 있으므로 일방적으로 표현하고 받는 관계였다. 두 아이 다 함께 노는 것이 재미있고 서로를 좋은 친구라 생각했기 때문에 비교적 쉽게 조정이 가능했다. 민수와 민성이 이야기를 듣고 서로 불편한 점과 느낌, 서로에게 부탁할 점을 이야기했다. 아마도 민수는 몰랐던 것 같다. 친근함의 표현이 그렇게 친구를 힘들게 할 줄은…. 힘이 센 민수가 부담스러워 아무도 말하지 않았던 불편함을 민성이가 안전한 공간에서 이야기함으로써 민수가 알아차리게 되었다. 민수도 스스로 행동을 바꾸어나가는 계기가 되었다.

오늘 아침 연우는 핫팩을 보이며 "선생님, 이거 민수가 줬어요…." 한다.

"진짜? 민수가 줬어?"

"네."

"이제 연우는 민수가 싫지 않아?"

"네, 이제 민수가 착해져서 괜찮아요."

"다행이다."

민수가 자기중심적인 표현 방식을 벗어나 나눔과 같은 긍정적인 방식으로 친구와 우정을 만들어가는 모습이 감동으로 다가왔다. 복도에서 만난 민수에게 "민수야, 연우가 핫팩 주었다고 자랑하던데… 너무 멋지다. 이렇게 좋은 방식으로 우정을 쌓아가는 모습을 보니 선생님이 더 기분이 좋은 거 있지…."하고 폭풍칭찬을 했다. 민수는 쑥쓰러운 듯 웃음을 남기고 교실로 들어갔다. 그러고 보니 민수의 얼굴에서도 어느 순간 분노와 억울함 같은 부정적 기운을 찾아볼 수 없게 되었다.

다음 날 연우도 민수에게 '핫팩'을 선물로 주었다고 했다. 주고받는 마음, 서로를 소중히 여기는 방법을 알아가는 투박한 사춘기 남자아이들의 행동을 지켜보며 아이들의 갈등 상황에 마주했을 때, 훈계하고 비난하는 대신에 서로의 마음을 표현하고 다름을 알아가는 자리를 만들어서 참 다행이다 싶었다.

때로 학교에서 아이들과 생활하다 보면 '저 아이는 선천적으로 감정이나 공감력이 없는 것이 아닐까?' 하는 마음이 들 때가 있다. '자기중심적'을 넘어서 '이기적'인 아이들을 보면 더 그렇다. 하지만 아이가 사랑스럽지 않을 때야말로 가장 사랑이 필요하다는 어느 책의 한 구절에서 알 수 있듯, 아이는 악하고 이기적이지 않다. 아이는 그러한 행동을 선택한 것일 뿐이고 그러한 행동을 선택한 것에는 나름의 '이유'가 있다.

그것은 부모의 양육방식일 수도, 어떤 경험에서 비롯된 행동의 패턴일 수도, 연약한 나를 방어하려는 마음의 갑옷일 수도, 타고난 성격으로 인한 것일 수도 있다. 자신도 모르게 선택한 행동이 빙산의 일각임을 알아차리고 빙산 아래의 이유를 찾아 평화롭고 긍정적인 방식으로 전환할 수 있도록 도움을 주는 것이 부모 또는 교사가 해야 할 일이라고 믿는다.

'세상에 나쁜 개는 없다'는 프로그램도 있지 않은가? 하물며 사람은 더 말할 것도 없다. 그러한 이유로 나는 성선설을 믿는다. 아이들의 선함을 가리고 있는 여러 장애물을 찾아 치워주는 과정에서 아이들 본연의 '선함'이 드러날 때 큰 보람을 느낀다.

점심을 먹고 운동장에서 연우와 민수와 민성이가 농구하는 모습을 지켜본다. 짧은 점심시간을 아껴가며 농구에 들락

날락 참여하는 아이들 속에서 성실히 개근하고 있는 세 명을 보니 웃음이 난다. 민수와 눈이 마주쳤다. 바쁜 와중에 허리를 숙여 인사하는 민수에게 반갑게 손을 흔들어보았다. 아이들은 아이들이다…. 혼잣말로 되뇌어본다. 마음속에 뭉게뭉게 행복 감이 차올랐다.

'핑계 없는 무덤 없다'는 속담이 있지요? 아이들의 행동에는 이유가 있습니다. 잘못된 행동보다는 행동하게 된 이유에 관심을 두고 대화하면 아이는 존중받고 있다고 느끼고 방어기제를 내려놓을 것입니다. 자연스럽게 자신의 이야기를 들을 준비가 된 사람에게 솔직한 이야기를 하게 되겠지요. 오늘은 나의 판단을 내려놓고 아이의 '핑계'에 귀기울여보는 것이 어떨까요?

나쁜 아이가 되기를
응원해!

사회 프로젝트 수업이 막바지에 이르고 있다. 한 학기에 한 번 사회과를 중심으로 큰 프로젝트를 진행한다. 앞으로 아이들이 살아갈 시대에는 개인의 능력만큼이나 협력으로 인한 시너지 그리고 타인을 향한 공감과 경청 능력이 중요하다고 믿기 때문이다. 그러한 역량을 프로젝트 수업을 통해 일정 부분 함양할 수 있다고 생각한다.

이번 학기 긴 프로젝트의 종착역은 모둠별로 박람회를 준비하여 초대된 4학년 후배들에게 학습한 것을 설명하는 것이었다. 선배로서 후배들에게 설명한다는 것이 부담이 되기도, 수업의 동력으로 작용하기도 한다. 금요일로 예정된 발표일을 앞두고 모둠원들이 분주한 가운데 수업이 끝나가는 때 승희가 다가왔다.

"선생님, 사회 프로젝트 발표를 정말 이번 주 금요일에 하나요?"

"그럼, 승희 모둠도 준비하고 있지?"

승희의 눈빛이 흔들린다. 국민 모범생인 승희는 학급에서 '성실하고 착한 친구'로 알려져 있다. 친구들에게 성실하고 호감을 주는 인상이며 책임감 또한 강해서 좀처럼 적이 없는 승희다. 그런데 눈에 걱정이 가득하다.

"그런데 저희 모둠은 준비가 잘 안 되는 것 같아요. 모둠원들이 활동을 안 해요…."

슬픈 예감은 빗나가지 않는다. 조 편성을 할 때, 관심 분야를 중심으로 할 것인가? 남녀 비율을 맞추어 무작위로 할 것인가?를 두고 고민이 많았는데, 아이들의 의견을 수렴해 관심 분야를 중심으로 수업을 진행했다. 그런데 진행하다 보니 승희네 모둠이 승희를 제외하고 모두 남자아이들로만 편성되었다. 승희네 모둠은 승희가 워낙 성실해서 잘 하겠거니 싶었는데, 승희네 모둠이 협동이 잘 되지 않는가 보다. 내가 승희에게 거는 기대만큼 아이들도 같은 마음이었구나…. 모둠별로 의견을 모아야 할 일이 있을 때나 작업을 해야 할 때, 모둠원들이 장난을 치거나 농담으로 일관해서 좀처럼 진도가 나가지 않는다고 한다. 서로 간에 대화가 필요한 상황이었다.

"승희야, 그동안 모둠활동 하면서 많이 힘들었구나. 내일 모둠원들과 함께 더 나은 모둠활동을 위한 대화 모임을 해볼까?"

"그건 싫어요."

엥? 보통 이렇게 물어보면 "네" 하고 이야기하는데 승희에게는 대화 모임이 부담인 듯 느껴졌다. 그 순간 청소 시간이 끝나고 예정되어 있던 교직원 회의 시간이 다가왔다. 승희에게 회의에 참석해야 할 시간이라고 이야기하니 기다리겠다고 한다. 보통 방과 후에 학원 스케줄이나 다른 이유로 아이들은 잘 남지 않는데, 30분 여 회의를 마치고 오니 여전히 승희가 기다리고 있었다. 고민의 크기가 생각보다 큰 것 같았다.

승희는 대화 모임을 '나쁜 아이들이 모여 훈계 받는 것'으로 생각하고 있었다. 그리고 자신으로 인해 대화 모임을 여는 것을 '선생님께 고자질 하는 것'으로 여겼다. 고자질을 하면 친구들이 나를 어떻게 볼까? 걱정된다고 했다. 대화 모임이 자신 때문에 열린 것을 알게 된 친구들이 쉬는 시간에 자기에게 놀러 오지 않을 것만 같고, 혼자가 되면 너무 힘들 것 같다고 했다. 그래서 대화 모임을 하고 싶지만 할 수 없다고 했다. 말하는 승희의 눈에서 눈물이 뚝뚝 떨어졌다. 그동안 많이 힘들었구나….

"승희야, 힘들 때 털어놓을 사람이 있어?"라는 질문에 오래 고민하는 승희.

"친구 중에 나와 비슷한 친구가 있어서 종종 답답하면 털어놓았어요."

"그런 친구가 있다니 다행이네. 그 친구가 몇 반이야?"

"………."

"언제 친했던 친구일까?"

"2학년 때?"

힘들어도 마음을 털어놓을 친구가 없다는 말이다. 승희는 주로 부모님께 털어놓는다고 했다. 생활기록장에 정성스럽게 댓글을 남겨주시는 부모님은 승희의 이야기를 잘 들어주신다고 했다. 상담 주간에 상담을 할 때, 부모님께서 평소 승희의 의견과 입장을 존중한다는 느낌을 받았다. 가령 학원에 등록하는 것도 6학년이 된 지금까지 권유하지 않으시다가(학부모로서 참았다는 표현이 적절하지 않을까?) 승희가 학원에 가야겠다고 말한 순간(6학년 2학기가 된 지금)에 보내주셨다고 한다. 그럼에도 승희 말을 듣는 내내 염려되는 것이 있었다.

부모님께 털어놓을 수 없는 또래 아이들 특유의 고민이 있지 않을까? 아이의 사회생활 비중이 모두 또래 관계에만 집중되어 있는 것도 자연스럽지 않지만, 반대의 경우도 그렇다.

아이들이 나쁘다고 표현하는 그 감정들은 실은 자연스러운 것이다. 하지만 부모님과 대화할 때 승희처럼 마음이 여리고 착한 아이는 나쁜 감정을 부모에게도 잘 표현하지 않는다. 승희는 한 번도 '나쁜 아이'가 된 적이 없었다. 나쁜 아이가 되는 것에 대해 걱정하고 겁내고 있었다.

친구의 부탁을 거절하지 않고 매번 들어주고 모둠의 궂은일을 도맡아 하면서도 내색하지 못했다. 친구들의 이야기를 대부분 잘 들어주었을 것이고 그 과정에서 자신이 하고 싶은 말은 참았을 것이다. 그래서 승희는 모둠활동을 힘들어했다. 내적 에너지를 너무 많이 쓰니 부담스러울 수밖에 없는 구조다. 승희 스스로 착한 아이의 '선'을 그어놓고 한 발짝도 나아가지 않는다.

"승희야, 친구들에게 거절하고 반대 의견을 표현하는 것이 힘들지?"

"네⋯."

"불편함을 표현하는 것도?"

"네."

"그런데 승희야, 선생님은 요즘 쉬는 시간이나 점심시간에 서로 간에 느끼는 불편함 때문에 대화 모임을 요청하는 친구들의 이야기를 듣느라 바빠. 어제도, 오늘도⋯."

승희의 눈이 커진다.

"진짜요? 몰랐어요."

"불편함을 이야기하고 서로 대화를 통해 조정하는 것은 오히려 자연스러운 일이야. 승희가 걱정하는 것처럼 친구 사이가 멀어지는 것을 본 적이 아직 없어."

승희는 이 말에 마음을 돌렸다. 나는 승희에게 거절해도, 행동이 조금 잘못되어도 너 자체로 멋지고 좋은 아이니 괜찮다고 말해주었다. 승희가 착한 아이의 선을 밟고 앞으로 나아가 조금쯤 나쁜 아이가 되어도 좋겠다는 생각이 들었다. 승희가 나쁘게 마음먹는다고 얼마나 과격하게 표현할까? 지금보다 조금 더 솔직하게 자신의 다른 의견을 표하는 정도일 것이다. 다음 날 점심시간에 마련된 대화 모임은 잘 진행되었다. 대화 모임을 끝낸 승희는 생각보다 모임이 괜찮았으며 마음이 후련하다고 했다. 밟으면 죽을 것 같았던 선을 밟았을 때 생각보다 괜찮은 느낌, 그 느낌이 승희에게 의미 있었기를 바란다.

어쩌면 어른들이 관심가져야 할 아이들은 승희와 같은 아이들이 아닐까? 아무 말 없이 묵묵하고 성실한 아이들, 착하다는 말에 메어 있는 아이들 말이다. 양보하고 싶지 않거나 불편한 마음이 드는 것이 자연스러운 아이들에게 '착한 아이'라는 타이틀이 붙으면 무비판적으로 상대에게 양보하고 자신의

불편한 속마음을 감추게 된다.

사람 마음에는 착하지 않은 마음도 있는데 그 마음에 '죄책감'이라는 꼬리표를 스스로 달아버린 승희와 같은 아이들을 보면 마음이 짠하다. 착하지 않은 마음도 어딘가에서는 안전하게 표현되어야 한다. 착한 친구, 착한 아이, 착한 학생 어디에도 나의 진짜 마음을 표현할 안전한 곳이 없다면 점점 힘들어지다가 나중에 폭발할지도 모를 일이다.

굉장한 소음과 불꽃을 작렬하며 폭발 중인 아이들은 너무 잘 보인다. 그래서 상대적으로 승희처럼 조용한 폭탄을 안고 있는 아이들에게 시선이 잘 가지 않는 곳이 교실이다. 우리 교실이 안전한 공간일까? 하는 생각과 함께 승희가 조금은 나쁜 아이가 되기를 응원해본다.

우리 아이가 화 한 번 내지 않는 착한 아이인가요? 착한 아이에게도 부정적 감정이 있습니다. '착하다'는 말을 칭찬으로 할 것이 아니라 착한 아이에게는 오히려 '화를 내도 괜찮다'고 메시지를 주는 것이 아이의 건강한 성장에 도움이 됩니다. 나쁜 감정도 어딘가에서 안전하게 표현되어야 세련된 방법으로 해소할 기회를 갖게 될 것입니다.

2장

아이의 상처를 치유하려면 두 배의 시간이 필요하다

정말
사춘기일까?

공식 상담주간이다. 상담은 본래 수시로 이어지지만 학부모인 나조차도 상담주간이 아닌 시기에 담임교사에게 상담을 요청하기가 쉽지 않다. 그렇게 차일피일 하다보면 해를 넘기기 십상이다. 그마저도 별일 없이 잘 지내고 있는 듯 보이는 아이에 대해 묻기가 망설여진다. 그런 부모 마음을 알기에 상담주간이 오면 아이들에게 "부모님께 너희의 좋은 점들을 많이 이야기하려고 준비해두었으니 꼭 상담 신청하시라고 말씀드려" 하고 이야기한다.

고학년쯤 되면 부모님도, 아이들도 상담을 하지 않는 가정이 늘기 때문이다. 다행히 올해는 많은 부모님께서 상담을 신청해주셨다. 학교에서와 다른 아이들의 이중생활을 알아가는 재미도 있고 수업 시간이나 쉬는 시간에 발견한 여러 에피

소드를 알려드리면서 즐겁게 상담하려 노력한다. 상담을 하다 보면 가장 자주 듣는 말이 있다.

"선생님, 저희 아이가 사춘기인 것 같아요."

아마도 고학년 아이들과 지내다보니 시기가 시기인만큼 사춘기 초입에 접어든 아이들이 많아서 그럴 수 있겠다. 나를 포함해 많은 부모들은 아이들이 자신의 주장을 내세우며 부모의 말을 안 듣기 시작하면 막연하게 '사춘기'를 의심하는 경향이 있다.

나도 첫째가 미운 세 살일 때부터 사춘기를 의심하기 시작했다. 7살 때도, 초등학교 6학년인 지금까지도 '저 정도면 사춘기 아닌가?' 생각하곤 했다. 그렇게 세 살부터 부모의 말을 듣지 않으면 사춘기를 의심하다가 고학년이 되거나 중학생이 되어 더욱 말을 듣지 않으면 '맞아! 이게 바로 사춘기야. 나이도 딱 들어맞네.' 하고 생각하게 된다. 인간의 본성 중에 정답을 찾고자 하는 성향이 있다. 무언가 정의 내리고 정답을 찾으면 마음이 안정되는 것이다.

교실에서 아이들과 함께 생활하면서 부모님이 말하는 사춘기가 모두 사춘기는 아닐 수 있겠다는 생각을 하곤 한다. 사춘기는 부모의 말을 듣지 않는 것 혹은 반항하는 것이 아닐 수 있다.

하인리히 법칙이 있다. 하인리히는 건물 붕괴와 같은 큰 재해가 발생했다면 그전에 같은 원인으로 29번의 작은 재해가 발생했고, 또 운 좋게 재난은 피했지만 같은 원인으로 부상을 당할 뻔한 사건이 300번 있었을 것이라는 사실을 밝혀냈다. 하인리히 법칙을 정리하자면 '첫째, 사소한 것이 큰 사고를 야기한다', '둘째, 작은 사고 하나는 거기에 그치지 않고 연쇄적인 사고로 이어진다'로 추릴 수 있다(출처: 네이버지식백과).

하인리히 법칙은 산업재해에 관한 법칙이지만 아이들에게도 그대로 적용되는 것 같다. 미운 세 살이 되는 시기에 아이들은 자신의 의견을 부모에게 표현할 수 있게 된다. 부모의 입장에서 '미운' 이 행동은 실은 아직 다듬어지지 않은 자신의 의견을 부모에게 어필하는 과정이다. 이 과정에서 아이의 의견이 받아들여지거나 조정되어진다면 아이 욕구는 해소되겠지만, 부모가 강력한 힘으로 아이 의견을 묵살해버리면 아이는 다시 때를 기다린다. 그러다 일곱 살쯤 되면 다시 자신의 의견을 강하게 피력한다. 이때도 같은 과정을 거치면 아이는 자신의 의견을 주장하거나 다시 때를 기다린다. 사춘기에 실패하면 성인기에 이르기까지 아이는 자신의 목소리를 찾기 위해 또다시 때를 기다린다.

결국 아이는 평생에 걸쳐 자신의 목소리를 찾으려 하는

것이다. 사춘기에 자신을 찾지 못하면 평생 사춘기로 살아야 할지도 모를 일이다. 부모가 느끼는 '반항의 사춘기'는 자신의 목소리가 존중받지 않은 것에 대한 화풀이나 어딘가에서 해결되지 못한 마음의 앙금일 수 있다. 하인리히 법칙에 적용해보자면, 아이가 감정적으로 폭발하는 큰 사건에 29번의 작은 반항이, 그리고 300번의 일상에서의 소소한 저항이 존재할 수 있다. 우리가 사춘기라 여기고 넘어가는 크고 작은 아이의 행동들이 실은 자신도 잘 모르는 감정의 앙금이 쌓여 마음이 힘들어지고 있다는 신호일 수도 있다.

　준영이가 그랬다. 준영이의 짜증과 화를 지켜보는 부모님도, 원인 모를 화가 나고 밤이면 잠도 잘 오지 않는다고 느끼는 준영이 본인도, 사춘기가 시작되었다고 굳게 믿고 있었다.

　준영이를 처음 만난 것은 온라인으로 이루어진 개학, 모니터를 통해서였다. 뿔테 안경을 쓰고 약간은 시크한 표정으로 앉아 있는 모습이 영락없는 사춘기 청소년이었다.

　이후 등교 수업으로 준영이를 직접 대면했다. 아직은 서먹할 때 '나의 이름은 ~입니다'라는 간단한 멘트로 발표를 했다. 준영이가 제일 처음 선정되었는데 처음의 긴장감과 어색함에 "나의, 나의…." 하면서 약간 말을 더듬거렸다. 크게 한숨을 쉬며 천장을 바라보는 모습에서 준영이의 불안감이 그대로 전해졌다.

　준영이는 덩치도 크고 생김새도 센 사춘기 아이 같지만 실은 아주 여리고 섬세한 아이였다. 마음이 여려서 남자아이들끼리 놀 때도 친구들이 선을 넘는 것에 대해 이렇다 할 거절 표현을 하지 못했다. 그러다 보니 쉬는 시간에 아이들은 강도를 높여가며 몸으로 밀어내기, 준영이 자리에 앉아서 비켜주지 않기 등 장난이라는 이름으로 준영이를 괴롭혔고 어느 날, 나의 눈에도 그런 모습이 들어왔다.

　4월, 어느 날에는 점심을 먹고 나오는 급식실 앞에서 10반 민수가 준영이의 목을 졸랐다. 방과 후에 마주 앉아서 두 아이와 이야기했다. 민수는 워낙 몸으로 말하는 성격이라 반가운 마음에 어깨동무를 했다고 했다. 전교 단위급으로 싸움을 잘하는 민수가 준영이에게는 큰 부담이어서 '저리 가, 새끼야!' 같은 강한 말로 저항했다고 한다. 욕설이 섞인 과격한 준영이의 말은 다혈질인 민수에게는 싸움의 신호였고 목 졸림으로까지 이어졌다. 대화를 하며 민수는 같은 아파트에 사는 준영이가 반가워서 그랬다고 했다.

반면 준영이는 몸으로 하는 대화가 아프기도 하고 부담스럽다고 했다. 그렇게 대화를 통해 두 아이는 반가운 마음을 표현하는 서로 다른 방식에 대해 받아들이고, 다시 만난다면 반가운 마음을 어떻게 표현해야 할지 이야기를 나누었다.

5월, 힘이 센 이수가 쉬는 시간에 자리에 앉아 있는 준영이에게 다가가 몸으로 밀쳐 의자에서 떨어뜨렸는데 장난이 계속되어 준영이가 너무 스트레스 받는다고 나에게 조정해줄 것을 부탁했다. 방과 후에 이수와 준영이와 함께 이야기했다. 이수는 다른 친구들도 비슷한 장난을 쳤는데 '나만' 혼나는 것 같다며 억울해했다. 다음 날 학급 전체 회의를 열었다. 회의에서 준영이의 입장을 준영이의 말로 들을 수 있었다.

준영이는 몸으로 밀치는 장난이 아프고 스트레스라고 했다. 그러면 하지 말라고 하면 되잖아? 하고 생각하겠지만, 준영이는 '남자애가 그 정도도 못 버티냐?' 하는 비난의 말, 친구들이 자신을 만만하게 봐서 남학생들의 서열 순위에서 밀려나는 것, 그래서 모두가 자신을 만만하게 보면 어쩌나 두렵다고 했다. 그 말을 하면서 준영이가 눈물을 쏟으면서 서럽게 울었다.

2시간이 넘는 회의에서 아이들은 숙연해졌고 이수도, 함께 장난을 친 친구들도 준영이의 진심에 눈빛이 흔들렸다. 이후 아이들은 저마다의 방식으로 준영이를 위해 배려했고 준영이 또한 이날 학급회의에서 자신의 마음을 내려놓고 자신의 존재가 오롯이 받아들여지는 경험을 통해 자신의 영역을 지키는 법을 깨달았다.

세지 않아 '센 척' 하던 준영이는 험한 말과 시크한 표정을 내려놓고 자신의 마음을 솔직히 전하고자 노력하는 모습을 보였다. 그 후로 몇 번의 조정이 있었지만 준영이의 마음을 크게 흔들 일은 없었다.

한겨울의 어느 날 문득 준영이의 표정이 장난기로 가득한 모습을 발견했다. 3월의 준영이 모습은 없었다. 여전히 발표할 때 긴장하면 짝다리로 삐딱하게 서서 양손을 주머니에 넣는 버릇이 있지만 자신감과 함께 목소리도, 발표력도 많이 좋아졌다. 준영이 마음의 방에 웅크리고 있던 불안의 씨앗이 방을 뺀 느낌이었다.

상담주간에 준영이 어머님과 상담을 하면서 집에서는 어떠냐고 여쭈어보았더니 집에서도 사춘기가 지나간 듯 아주 좋아졌다고 하셨다. 그동안의 과정을 설명드리고 교실에서도 안정감이 느껴진다고 말씀드렸다. 어머님은 준영이가 마음이 여려서 어릴 때부터 "아이들이 만만히 보지 않도록 너도 세게 나가"라는 메시지를 자주 주셨다고 한다. 준영이가 긴장하면 왜 주머니에 손을 넣는지, 짝다리를 짚는지, 힘센 친구에게 험한 말로 도발했었는지 알 것 같았다.

자신의 마음을 표현하고 자신과 친구의 영역을 지킬 수 있는 새로운 방법을 알아가며 준영이는 이제 비로소 안정된 사춘기에 접어든 것 같다. 마음의 주머니가 찢어져 그 사이로 줄줄 새던 에너지를 오롯이 '나'에게 집중해 나의 목소리를 찾은 준영이는 요즘 진정 자신이 원하는 것이 무엇인지 알아가는 과정에 있다. '프로게이머'라는 목표를 위해 매일 공책에 이런저런 게임 전략을 연구하는 준영이에게 응원하고 있다고, 이 과정은 오롯이 너의 용기에서 비롯된 것이라고 말해주고 싶다.

준영이의 진짜 사춘기

준영이는 학급 분위기가 친밀해지고 안정되어가면서 서서히 변하기 시작했다. 가장 눈에 띄는 것은 밝아진 얼굴이었고, 이전처럼 가시를 세우고 '누가 나를 못살게 굴지 않나?' 하는 안테나를 더 세우지 않게 되었다.

성장과 퇴보를 거듭하는 인간 본연의 특성상 가끔 욱하

는 자신의 감정을 친구에게 쏟아내듯 욕설하는 모습을 보이곤 하지만, 준영이 특유의 솔직함과 빠른 인정으로 갈등조차 자신을 성장시키는 디딤돌로 삼고 있는 모습이 지켜보는 어른으로서 대견했다.

준영이의 가장 큰 장점은 그러한 솔직함과 놀라운 꾸준함에 있다. 생활기록장에 매일같이 정성을 기울이는 아이는 그리 많지 않다. 특히 쓰는 활동 자체를 싫어하는 남학생은 더욱 그렇다. 매일 단답형의 글을 쓰는 아이부터 무슨 글씨인지 한참을 들여다봐야 판독이 가능한 글까지 다채롭다. 하지만 준영이의 생활기록장은 나름의 정성을 들여 한 글자씩 꾹꾹 눌러 쓴 흔적이 역력하다. 학기 초 같은 공책으로 시작하는 생활기록장이 준영이 것만 너덜너덜하다. 생활기록장 속에 담긴 준영이의 생활들은 '진짜'라는 생각이 든다.

2학기 들면서부터는 졸업이 다가오므로 자기조절력을 더욱 발전시키기 위해 인생 계획을 세우고 인생 목표에 따라 큰 그림 속에서 그해의 목표를 정한다. 그해의 목표를 월별로 나누고 매일 아침 월별 목표를 확인해 오늘 해야 할 것을 한 가지 생각하고 실천한다.

준영이의 꿈은 '프로게이머'다. 보통 프로게이머가 되고 싶다고 말하면 부모님, 교사도 걱정한다. 게임의 세계에 빠져서 허우적대며 재미만을 추구하는 모습이 저절로 연상되기 때문이다. 준영이가 게임을 좋아하는 것을 알았지만 꿈의 전면에 '프로게이머'가 등장하고 매달 목표에 '게임의 티어 올리기'와 같은 어른이 보기에 가치 없어 보이는 목표들이 보일 때, 이러한 목표도 지켜봐주어야 하는지 고민이 되었다.

그럼에도 불구하고 준영이를 지켜보기로 했다. 저렇게 한 글자씩 정성들여 쓴 아이라면 지켜봐주는 것이 맞다 싶었다. 혹시 바른 길이 아니더라도 충분히 경로를 변경할 수 있는 나이니, 가고 싶은 길을 응원해 주는 것이 맞다. 꿈이 없는 아이도 있는데 명확한 꿈을 가지는 것이 얼마나 다행인가? 교사가 아니면 누가 프로게이머라는 꿈을 응원해줄 것인가?

10월의 준영이는 게임의 이해도를 높이기 위해 스스로를 피드백하고 공책에 적기도 하면서 실력을 쌓으려 노력했다. 스스로 5점 만점에 4점을 줄 정도로 열심이었다.

11월의 준영이는 주로 연합해서 게임을 하는 익명의 게이머들에게 좋은 말을 해주기 위해 노력했다. 자신의 실력만으로 팀플레이에서 좋은 성적을 내기 힘들다는 것을 알아차렸다. 급식을 먹으며 앞자리에 앉게 된 준영이에게 게임의 세계에 대해 조금 엿들을 수 있었다.

"이전에는 플레이 하다가 실수를 하면 채팅창에 욕으로

도배를 하고 서로 욕을 주고받다가 나가버렸어요. 그러면 그대로 게임이 종료되고 점수를 잃기도 했는데, 좋은 말을 해주니 신기하게 게이머들이 나가지도 않고 게임 랭킹도 많이 올랐어요."

잔소리할 필요 없이 게임을 통해 협력의 순기능을 스스로 알아가고 있는 것이 놀라웠다.

"그렇지만 채팅창에 좋은 말을 쓰면서도 실제로는 욕하면서 칭찬을 쓰는 경우가 많아요."

이 말을 들으면서, 칭찬의 순기능을 알아가고 있는 준영이가 바람직한 방향으로 스스로를 이끌 것이라는 믿음이 생겼다. 또 그 즈음의 준영이는 나를 빵 터지게 했다. 합법적으로 프로게이머가 되기 위해 노력한 지 3개월째, 이 달의 목표를 돌아보고 느낌을 적는 칸에 '게임을 많이 한다고 재미있는 것은 아니구나' 하고 써놓았다. 그동안 찐으로 노력한 준영이가 대견하기도 하고 치열하게 노력해 재미있기만 한 게임의 다른 면을 경험한 준영이가 달라보였다.

이제 더 이상 프로게이머 꿈을 지닌 준영이가 걱정되지 않는다. 준영이는 자신만의 경험을 통해 어떻게 '노력'해야 하는지 알아차렸기 때문이다. 시간이 흐르고 준영이의 꿈이 다른 무언가로 바뀔 날이 올지도, 그렇지 않을지도 모르지만 그

것이 무엇이든 노력의 '끝'을 경험한 준영이는 이루어낼 것이라는 믿음이 있다. '게임'에 가려진 준영이의 꾸준함을 늦게 알아봐주어서 미안한 마음이 들었다.

준영아, 너는 마음먹은 것은 무엇이든 할 수 있어!

아이 눈높이로 이해하기

아이가 강한 말투를 쓰고 짜증이 잦아졌다고 해서 무조건 사춘기는 아닙니다. 오랜 시간 마음에 쌓인 스트레스가 더 갈 곳이 없어 세련되지 않은 방법으로 표출되는 경우가 있어요. 아이가 기분 좋을 때를 기다려 '요즘 기분이 어때?' 혹은 '요 며칠 엄마가 보기에 마음이 힘들어 보여서 걱정돼'와 같은 질문으로 아이와 대화를 시도해보세요. 까칠하고 말이 없는 아이들도 부모님의 진심어린 걱정이 담긴 말에 마음을 열고 자신의 이야기를 하게 된답니다.

아이에게 필요한 건
시간일 뿐이다

"자극과 반응 사이에는 빈 공간이 있다. 그 공간에는 자신의 반응을 선택할 수 있는 자유와 힘이 있다. 우리의 성장과 행복은 그 반응에 달려 있다."

《죽음의 수용소에서》를 쓴 빅터 프랭클 박사의 말이다. 누구나 자극을 받지만 반응은 천차만별이다. 그 원인은 자극과 반응 사이의 빈 공간에 있다. 그것은 물리적 공간일 수도, 시간적 공간일 수도 있다. 나에게 들어온 반응을 어떻게 처리할 것인가는 전적으로 이 빈 공간에 달려 있다.

특히 아이에게 이 공간은 더욱 중요하지만 오롯이 아이에게 공간이 주어지는 경우는 많지 않다. 어른의 시간과 아이의 시간은 속도가 다르기 때문이다. 어른의 시간은 초단위로 빨리 가지만 아이들의 시간은 아이들 저마다 다른 속도를 지닌다. 아이들의 시간이 비교적 빨라 어른과 비슷하다면 다행이지만 상대적으로 느리다면 아이들은 자연스럽게 어른의 시간에 맞추어 움직이게 된다. 어린 아이가 신발을 신는 것, 혼자 밥 먹는 것부터 시작해 학령기가 되어 학업에 신경 쓸 나이가 되면 더욱 그렇다.

대부분 학령기 아이들은 부모의 속도에 맞추어 움직인다. 부모의 입장에서 보면 아이를 기다려주어야 한다는 것은 알고 있지만 옆집 아이를 보면, TV 속 영민한 아이를 보면 조금쯤 내 속도에 맞추어 끌고 오는 것도 나쁘지 않아 보인다. 이렇게 첫 단추를 수동적으로 시작한 아이는 능동적으로 바뀌기가 쉽지 않다.

첫째 지오는 6학년이다. 지오가 유치원에 들어갈 무렵, 영어에 대한 고민이 시작되었다. 중요 과목이자 외국어인 영어 시작 시기에 대해서는 의견이 분분하지만 보통 영어유치원에서부터 아이들의 영어에 대한 고민이 본격적으로 시작된다. 나도 어떻게 해야 할지 갈팡질팡하다가 복직할 시기가 눈앞에 다가왔다. 일단 영어는 미루어두고 지오의 하교 시간과 내 퇴근 시간에 맞추어야 하니 지오가 여섯 살부터 다니던 바둑학원에 그대로 다니기로 했다. 고비도 있었지만 다른 선택지가 없었던 나는 지오를 어르고 달래 3년이라는 긴 시간을 바둑에 할애했다.

지오가 1학년이 되던 어느 날, 바둑에 흥미가 떨어졌다고 했다. 학원에서 대국을 하는데 들어온 지 한 달 정도 된 3학년 언니와 대결해서 졌다고 한다. 승부욕이 남다른 아이인데 큰 상처를 입은 것 같았다. 3년의 시간을 한 달 만에 따라잡히다니… 엄마인 나도 허무함이 밀려왔다.

문득 대학생 시절 교육학 강의 시간에 아이가 외국어를 습득하기에 적절한 시기는 초등 3~4학년이라고 배웠던 기억의 조각이 떠올랐다. 내가 대학생이던 시절은 호랑이 담배 피던 시기지만 그때도 영어유치원 등 이른 영어교육이 성행하던 시기라 '생각보다 늦네?' 하고 고개를 갸웃했던 순간이 떠올랐다. 그저 이론일 뿐인 그 말이 지오의 바둑대국을 통해 '정말 그렇구나' 하고 경험적으로 깨닫게 되었다.

바둑학원에서는 짧은 집중력을 지닌 아이에게 3년에 걸쳐 단순하고 꾸준하게 바둑을 가르쳤을 테지만, 배울 준비가 갖추어진 3학년 언니의 한 달 수준밖에 되지 않았다는 사실이 뼈아팠다. 이후 지오는 바둑을 그만두고 미술, 피아노학원을 전전하다가 어느 날, 집에 혼자 있을 수 있다며 학원에 가지 않겠다고 선언했다. 엄마가 퇴근하는 시간까지 학원에서 시간을 보내야 해서 매우 지쳤다며 쉬고 싶다고 했다. 그렇게 지오는 또래 아이가 학원을 다니기 시작하는 시기에 학원을 끊고 집에서 생활하게 되었다.

걱정되는 것은 역시 영어였다. 3학년이 되어 학교에서 영어를 배우기 시작했는데 이미 영어를 공부해온 아이들과 너무 많은 격차가 나는 것 같았다. 마음이 급해졌다. 나중에 영어학원에 보내려 해도 기본 실력조차 갖추지 않으면 받아주는 영어학원이 없을 것이라는 친구의 말에 더 그랬던 것 같다. 엄마표 영어도 해보고 아빠에게 의뢰해 아빠표 영어도 해봤지만 '내 아이는 가르치는 게 아니다'라는 씁쓸한 교훈만 얻고 흐지부지되었다.

엄마로서 더 마음이 불안했던 것은 지오가 영어를 잘 못하는 것에 불편함을 느끼지 않는다는 것이었다. 자극을 받지 못한 것이다. 자극이 있어야 반응을 할 텐데…. 내가 주는 자극은 잔소리일 뿐 지오를 움직이는 자극이 되지 못했다.

지오가 4학년이 된 어느 날, 숙제를 도와달라고 했다. 영어 숨은그림찾기였다. 그림 속에서 숨은 그림을 찾아야 하는데 제시어가 영어로 되어 있어 어휘력이 부족한 지오는 숨은 그림을 찾을 수 없었다. 단순하고 기본적인 단어도 모르고 도움을 요청하는 지오를 보자 또다시 불안감이 엄습했다. 넌지시 학원을 권유했더니 못 이긴 척 그러겠다고 했다. 영어를 배울 만한 자극이 생긴 것이다.

집 앞 학원에 등록하고 지오는 영어공부에 재미를 붙였다. 제법 어려운 문법들도 고심해서 과제를 해내고 매일 치르는 단어시험도 잘 준비하는 눈치다. 얼마 전에는 보충학습이 필요하다며 인터넷서점에서 교재를 검색해 사달라고 해 누가 시키지 않아도 하루 한 장씩 꾸준히 풀어나가고 있다. 퇴근 후 집에 가면 채점해달라고 시도 때도 없이 눈앞에 문제집을 들이민다. 지오가 비로소 영어공부를 할 준비가 되었다는 안도감과 함께 불안감을 이기며 기다리길 잘했다는 뿌듯함이 밀려왔다.

4학년 지오는 학원에서 1학년생과 함께 공부했다. 이미 학원을 다니던 아이와 비교하면 실력이 형편없었다. 하지만 삶은 길다. 혹시나 지오가 영어를 포기하더라도 주어진 자극을 반응으로 이끌어내는 공간을 활용하는 값진 경험을 했다고 생각한다. 이 경험이 지오에게 주어지는 또 다른 자극에 건강하게 반응하게 할 마중물이 될 것이라는 확신이 생겼다.

영어 좀 못하면 어떤가? 정작 영어를 강조하는 엄마도 영어에는 자신이 없는 걸, 그래도 행복한 데는, 성장하는 데는, 살아가는 데는 문제가 없는 걸. 필요하면 영어에 많은 시간을 들이면 되는 것이다. 엄마가 그렇듯 지오도 그랬으면 좋겠다.

아이가 부모와 가장 많이 이야기하는 주제 중 하나가 '공부'입니다. 우리

사회처럼 공부에 진심인 분위기는 많지 않지요. 어쩌다 옆집 아이와 비

교하는 날이면 잔소리가 더 심해집니다. 엄마가 잔소리를 하든, 그냥 놓

아두든 아이가 공부를 하지 않는다면 잠시 놓아두는 것도 한 방법입니

다. 두 경우 다 공부를 하지는 않지만 잠시 그대로 놓아두고 긍정의 메

시지를 전한다면 최소한 관계는 상하지 않으니까요.

아이는 부모의
뒷모습을 보고 배운다

초임교사 시절, 담임교사가 아닌 교과전담교사로 교직 생활을 시작했다. 교과전담교사란 초등학교에서 영어, 음악, 미술, 체육 등 특정한 교과목을 책임지고 맡아 지도하는 교사를 뜻한다. 꿈꾸던 교직의 첫해 담임교사가 아니어서 실망했지만, 그해 내가 얻은 메시지는 지금까지도 학급 경영에 큰 영향을 끼치고 있다.

당시 6학년이 9반에 달하는 큰 학교의 영어를 맡아 가르쳤다. 3월 수업에 들어가면 아이들은 모두 어색한 모습으로 긴장하고 있다. 모든 반의 분위기가 엇비슷하다. 3월에 담임교사와 유대관계를 잘 쌓고 학급 내에 규칙이 견고히 만들어진 학급은 5월쯤 되면 수업 분위기가 잘 잡힌다. 초등 영어는 게임과 같은 활동으로 많이 구성되는데 특정 반에 들어가면 수업 시간에 아이들이 마음 편히 몰입하고 즐겁게 게임을 했다. 준비해 간 수업이 잘 진행되어 교사로서 더할 나위 없는 보람을 느꼈다.

반면 특정 반은 아무리 노력해도 수업 분위기가 잡히지 않았다. 수업과 관련 없는 아이들의 말과 행동, 해야 할 일과 하지 말아야 할 일의 경계가 없는 몇몇 아이들로 인해 같은 수업을 준비해도 수업을 진행하느라 진땀을 흘렸다. 당시 내가 경험이 없는 초임교사라 더 그랬던 것 같다.

그렇게 좌충우돌하며 어느 순간 깨닫게 된 것은 각 반의 분위기와 담임교사의 분위기가 점점 닮아간다는 것이다. 제3자로서 학급을 볼 때, 교사가 강조하는 가치를 닮아가는 방향으로 학급의 분위기가 형성되는 것을 지켜볼 수 있었다. 담임교사의 가치를 시나브로 닮아가는 학급을 마주하면서 때로 학급은 거대한 하나의 유기체 같아 보이기도 했다. 신기하기도 하고 학급에서 교사의 영향력이 이렇게나 크구나 하는 깨달음을 얻기도 했다.

담임교사가 학급의 분위기 형성에 영향을 준다면, 아이들 개개인 삶의 태도나 말투, 일상에서 마주하는 많은 행동의 근원지는 부모다. 학부모 상담을 하다보면 누구의 부모님인지 말하지 않아도 절로 알게 되는 경우가 있다. 부모님의 말이나 행동에서 언뜻언뜻 아이가 보이기 때문이다.

　　교사나 부모가 아이들에게 잔소리로 가르침을 주는 것은 아닐 것이다. 잔소리는 아이들의 한쪽 귀에서 반대 쪽 귀로 빠져나가는 의미 없는 말이다. 잔소리를 통해 아이들이 배워간다면 교사나 부모의 단점까지 아이의 모습일 수는 없다. 어느 부모가 자신의 단점을 아이에게 가르치겠는가?

　　내 경험을 토대로 결론을 내린다면 아이들은 교사나 부모의 뒷모습을 보고 배운다. 이 사실은 상당히 부담스럽다. 무의식적으로 행하는 나의 말투와 행동 모두가 아이의 배움의 대상이 된다고 생각하면 교사가 되는 것도, 부모가 되는 것도 무거운 책임감이 느껴진다.

　　특히 생각이 자라고 일의 앞뒤를 스스로 판단할 수 있는 고학년 아이들에게 교사나 부모의 말이 권위가 있으려면 교사나 부모가 제시하는 규칙이나 말들이 아이들이 판단했을 때 합당해야 한다. 예를 들면 등교 시간을 지키라는 말을 하려면 교사가 먼저 시간을 잘 지켜야 한다. 교사가 자주 출근 시간이나 수업 시간을 지키지 않으면서 아이들에게 제시간에 등교해 얌전히 학습할 것을 요구하면 잔소리로 듣고 흘려버린다.

　　교사도 워킹맘인 경우가 많아 돌발변수가 종종 있다. 갑자기 아이가 아파 아이를 맡길 곳이 없다거나, 오는 길에 접촉 사고가 난다거나, 교통신호가 도와주지 않는다거나 하는 등의 사건은 1분이 중요한 출근길에 발을 동동 구르게 한다. 이런 경우 나는 아이들에게 양해를 구한다. 그리고 아이들에게도 이 렇게 피치 못할 경우 양해를 구할 수 있도록 여지를 열어둔다.

교사를 포함한 학급 구성원이 규칙을 지키려 노력할 때 학급의 규칙이 규칙으로서의 역할을 하게 된다. 그래서 학급 에 들어서면 자주 스스로를 모니터링한다. 혹시 내가 지키라 고 말하면서 나는 지키지 않는 규칙은 없는지 돌아보기도 하 고 아이들에게 묻기도 한다. 이러한 과정을 거치면서 아이들 은 교사의 말을 신뢰하게 된다. 선생님이 하는 말이 잔소리가 아니게 된다. 학급에 들어서면 말을 줄이고 대신 행동에 무게 를 두려고 노력하는 이유이다.

다년간 학급에서 아이들을 만나며 알게 된 사실을 집에 돌아와서도 실천하려고 노력한다. '책 좀 읽어'라는 말보다는 내가 책을 읽거나 '같이 책 읽을래?'라고 바꾸어 말하려고 노력한다. 물론 집에 돌아오면 잔소리할 것이 넘쳐나지만 본질은 같다. 시선을 아이에게 두지 않고 나에게 둔다. 내가 집에서 책을 읽으려 노력하는지, 내 물건을 정리는 잘 하는지, 물건을 쓰고 제자리에 놓아두는지 등 아이에게 하고 싶은 말들을 내가 행동으로 보이고 있는지 돌아보고 잔소리로 힘 빼지 않으려고 노력한다. 학급에서 아이들과 함께 생활하며 아이들에게 배운 가치가 부모로서의 내 삶에도 점차 스며든다.

아이 눈높이로 이해하기

잔소리는 쉽습니다. 쉬운 만큼 설득력이 약합니다. 부모는 스마트폰을 보면서 아이에게 독서하라고, 공부하라고 하면 당연히 아이의 반감을 사게 됩니다. 아이가 독서하게 하는 가장 효과적인 방법은 폰을 내려놓고 부모가 독서하는 모습을 보여주는 것이라는 사실을 꼭 기억하세요. 아이들은 부모의 등을 보고 자랍니다.

아이의 성장곡선은
주식 그래프와 닮았다

　진성이는 작은 일에도 불같이 화를 냈다. 그런데 그 화를 내는 상황이 너무도 자기중심적이고 주관적이다. 완벽주의 성향이 있는 진성이는 미술 시간에 세심하게 작업하는 경향이 있는데 결과가 자신의 의도대로 완벽하게 나오지 않으면 끓어오르는 화를 이기지 못해 욕을 했다. 작업하던 것을 던지고, 발로 밟아 부수어버리기도 했다. 그러고도 화가 안 풀리면 급식을 먹으러 가지도 않았다.

　여름방학이 가까워오던 그날은 온도와 습도가 매우 높은, 가만히 있어도 짜증나는 날씨였다. 점심을 먹고 교실에 올라온 진성이는 아무 이유 없이 궁금하다는 이유만으로 같은 반 예진이의 배를 발로 찼다. 점심을 먹고 올라왔을 때, 울고 있는 예진이와 그런 예진이에게 아무 관심 없다는 듯, 무심한 얼굴로 제 할일을 하고 있는 진성이 모습을 보자 내가 분노 조절이 안 될 지경이었다. 둘을 불러서 이야기를 듣고 예진이에게 사과하는 과정에서도 진성이 말에는 진심이 담겨 있지 않았다. 왜 그럴까?

어느 날 문득 진성이에게 못다한 이야기가 있을 수도 있겠다는 생각이 들었다. 올해는 나만이라도 진성이 이야기를 많이 들어주어야겠다고 생각했다. 마침 진성이는 수업 시간에 해내야 할 과제를 하지 않았다. 학급 규칙상 제시간에 해결하지 못한 과제는 남아서 해야 했으므로 진성이는 거의 매일같이 남았다. 과제를 안 해서 남았는지 남기 위해 과제를 안 했는지 잘 모르겠다. 어쨌든 진성이는 남아서 과제를 했다. 방과 후에 밀린 업무를 하던 나는 진성이와 이야기하다가 같이 퇴근하는 경우도 종종 있었다. 진성이 말에 의하면, 자신의 감정 기복과 충동성은 저학년 무렵부터 진성이 스스로를 고립시켰다. 몇 번의 사건으로 친구들이 자신을 피했던 이야기, 그 속에서 외로웠던 이야기, 그럼에도 불구하고 좋았던 기억들…. 진성이는 방과 후에 남아서 나에게 퍼붓다시피 이야기를 쏟아냈다.

이야기를 들어줄 누군가가 필요했구나. 나에게 이야기해 주어서 고맙기도, 지금이라도 마음 속 이야기를 할 수 있어서 다행이라는 생각도 들었다. 몇 달이 지나자 진성이 표정이 밝아지기 시작했고 지난 5년의 경험으로 진성이를 피하던 아이들도 몇몇 마음이 넓은 아이를 중심으로 진성이를 챙기기 시작했다. 진성이가 마음 속 이야기를 꺼내놓기 시작하면서 진성이 마음에도 여유가 생기고, 아이들도 진성이의 다름을 인정하기 시작했다. 이제 그것으로 끝인 줄 알았다. 하지만 진성이는 그 후에도 감정 조절이 안 되는 여러 사건들을 일으켜 나를 당황시켰다.

진성이와 쉽지 않은 한 해를 보내며 내린 결론은 아이들의 성장은 계단식이 아니라 주식 그래프처럼 들쑥날쑥하다는 것이다. 계단식 그래프처럼 머물러 있다가 껑충 성장을 하면 참 좋지만 내가 만난 아이들 대부분은 성장과 퇴보를 거듭하며 아주 조금씩 성장했다. 그 순간에는 내 마음 씀이 아무 의미 없어 보이고 때로는 실망스럽기도 했다.

하지만 아이들을 떠나보낼 때 문득 돌아보면 아이는 한순간도 머물러 있던 적이 없고 시나브로 성장했음을 알아차리게 된다. 아이와 함께 그래프 속에 들어가 있을 때는 보이지 않던 것들이 시간이 흐른 후 돌아보면 언제나 우상향하는 주식 그래프처럼 성장해 있다.

이런 결론을 내린 후 아이들을 대하니 조금 여유로워졌

다. 진지하게 이야기하고 돌아서서 바로 같은 잘못을 저질러도 나를 무시하는 것 아닐까? 혹은 저 아이가 의지가 없는 것이 아닐까? 하는 소모적인 고민보다는 좋아지고 있는 과정이라는 믿음이 생겼기 때문이다. 아이에게 진심어린 관심과 믿음을 가질 때, 시간이 걸려 한참 후에 나타날지언정 아이가 변하지 않는 모습을 아직까지 본 적이 없다. 아이들은 언제나 자신만의 속도로 우상향 그래프를 그리며 성장해나갔다.

집에 돌아와서도 진성이를 대할 때와 같은 마음으로 아이를 대하려고 노력한다. 아이들의 성장은 돌아보면 우상향 그래프일 것이라는 믿음을 가지면 어제 한 잔소리를 오늘 또 반복해야 하는 것에 덜 지칠 수 있었다. 반복되는 아이의 문제 행동이 그저 관성일 뿐이라 생각하면 신기하게도 그 속에서 어제보다 조금 나아진 면들이 보인다. 아이들을 통해 얻은 깨달음으로 육아를 하다보면 아이들과 함께 육아를 하고 있다는 느낌이 문득 들곤 한다. 아이들은 긴 호흡으로 보면 결국에는 성장이라는 종착역을 향해 끊임없이 좌충우돌 움직이고 있다.

'사람은 고쳐 쓰는 것이 아니다'는 우스갯소리가 있지요. 어른도 변하기 힘든데 어른들은 아이가 한두 번 말하면 다시는 그 행동을 반복하지 않아야 한다고 생각하는 경향이 있습니다. 대부분의 아이들은 변하려고 노력합니다. 아이들의 변화하려는 노력을 잘 지켜봐주세요.

부모의 자존감 크기만큼
아이의 자존감도 자란다

〈슬기로운 의사생활〉 드라마 속 추민하가 참 좋다. 섬세하고 마음 여린, 하지만 관계에 있어 상처의 경험이 많은 양석형을 특유의 밝음과 성실함, 강한 자기 확신으로 사랑한다. 특히 둘이 연인이 된 이후 고백 장면에서 민하의 말은 특별한 울림을 주었다.

"교수님, 저는 좋은 사람이에요. 교수님이 지금 알고 계신 것보다 훨씬 좋은 사람이니까 저에 대해서는 걱정 안 하셔도 돼요."

나는 좋은 사람이라는 말을 상대방의 눈을 바라보며 당당히 할 수 있는 그 솔직함과 자기 확신이 멋지면서도 사랑스러웠다. 민하는 마음에 숨김이 없다. 좋아하는 마음을 솔직히 표현하면서도 거절당했을 때는 상대를 탓하지 않고 있는 그대

로 말한다. 상대방과 자신의 경계를 지키며 서로의 영역을 만들려고 노력하는 모습이 신선하면서도 좋아보였다. 극 중에서 민하의 부모님은 펜션을 운영하신다. 그리 좋을 것 없는 설악산 초입의 펜션, 학자금을 대출해 학교를 다닐 정도로 넉넉하지 않은 형편이 민하에게는 별 것 아닌 일이다. 높은 자존감이 그 모든 배경들을 아무렇지 않게 만들어버린 것이다. 민하를 좋아하는 이유는 내가 꿈꾸는 이상적인 모습이기 때문이다.

　하지만 나의 현실은 장겨울이다. 가정폭력의 그늘에서 자란 장겨울은 비밀이 많다. 열악한 환경에서도 최선의 노력으로 꿈꾸는 의사가 되었다. 극 중 겨울은 얼굴에 왠지 모를 그늘을 지니고 있다. 연인에게도 차마 말하지 못하는 가정사를 마음에 담고 끙끙 앓는 모습을 보여준다. 특유의 성실함이 있지만 환자에 대한 공감과 따뜻함은 다소 부족하다. 마음은 있지만 잘 표현하지 못한다. 자라면서 그러한 마음을 어떻게 표현해야 하는지 본 적이 없기 때문이다.

딸아이와 함께 드라마를 보면서 엄마는 겨울이지만 아이는 민하처럼 씩씩하고 밝은, 그늘 없는 아이로 자라면 좋겠다고 생각했다. 자존감은 상황에 관계없이 스스로를 사랑하는 것, 어떠한 상황에서도 내가 참 괜찮은 사람이라고 생각하는 것이다. 겨울이처럼 자란 내가 성장과정에서 배운 바 없는 것들을 내 아이에게 물려줄 수 있을까? 자아존중감에 영향을 끼치는 요인 중의 하나가 주변인들과의 대화 방식이다.

이는 엄마가 영향을 미칠 수 있는 범위 안에 있다. 대화를 이끄는 부모의 태도는 아이가 스스로를 긍정적으로 혹은 부정적으로 평가하는 데 영향을 끼친다. 이는 아이가 세상을 판단하는 판단 근거가 된다. 아이가 과제를 마주했을 때 '내가 성공할 수 있을까?'라는 물음에 대한 아이의 대답에 영향을 미치기도 한다.

평범하지만 화목한 가정에서 성장하며 때로 좌절하기도 했겠지만 그럼에도 불구하고 사랑받았던 민하의 경험이 쌓여 어떤 상황에서도, 심지어 상대방이 나의 마음을 받아주지 않는 상황에서도 나는 '좋은 사람'이라는 확신을 마음에 담아둘 수 있지 않았을까 한다.

　겨울이 같은 엄마라 할지라도 나를 돌아보고 나의 마음을 알아주고 사랑해주는 과정을 거치면 마음에 여유가 생긴다. 이를 바탕으로 생활 속에서 아이와 건강한 대화를 나눈다면 민하처럼 자존감이 높은 아이를 만날 수 있다. 아이의 자존감은 잠시 내려두고 엄마의 자존감에 집중한다면 아이의 자존감은 당연히 높아질 것이다.

아이 눈높이로 이해하기

'자존감 높이기 프로그램'에 참여하면 누군가 우리 아이의 자존감을 뚝딱 만들어주는 것이 아닙니다. 아이의 자존감은 성숙한 부모가 아이의 감정을 수용해주고 공감하는 과정을 거치며 스며들 듯 서서히 자라는 것입니다. 우리 아이가 자존감이 높은 아이로 자라기를 원한다면 부모 스스로의 자존감을 돌아보고 키워나가야 합니다. 부모의 자존감 크기만큼 아이의 자존감도 자랍니다. 아이 자존감의 열쇠는 바로 부모입니다.

아이의 상처를 치유하려면
두 배의 시간이 필요하다

첫째가 18개월 될 무렵 육아휴직을 마치고 복직해야 할 시간이 되었다. 선배님들은 대부분 "나라면 최대한 길게 휴직할 거야" 하고 이상에 가까운 이야기들을 해주셨다. 물론 심리학적으로 안정된 애착은 세 돌 이전에 형성된다는 말을 모르는 바 아니었다.

하지만 첫째가 우리 가족의 새 식구가 된 그 시기는 아이뿐 아니라 불안정한 가정경제도 나를 간절히 필요로 했다. 넉넉지 않은 집에 장녀와 장남으로 만나 둘이 모아놓은 조금의 돈과 많은 대출로 시작하다보니 오래된 아파트에 살아야 했다. 설상가상 양가 부모님의 생계도 많은 부분 우리 부부에게 달려 있었다. 나라면 길게 휴직했을 거라 이야기하는 선배님들도 실상은 3개월의 짧은 휴가를 마치고 복직했다.

당시 육아제도가 지금처럼 좋지 않았고 무엇보다 그 시절의 선배님들도 나처럼 아이와 경제 사이 선택의 기로에서 경제를 택했을 것이다. 돌아보면 선택하지 못한 결정에 아쉬움과 후회가 남지만 어쨌든 그때 그 결정은 최선의 선택이었을 것이다.

나 역시 그랬다. 복직과 동시에 학교를 옮겼다. 업무에 대한 요령이 없었기에 생전 처음 맡아보는 업무와 처음 맡아보는 학년, 아직 남의 집 같은 새 학교에 적응하느라 엄청난 에너지를 소모했다. 아이는 엄마가 키워야 하고 아이를 맡긴다면 잠은 꼭 집에서 재워야 한다는 것을 알고 있었지만 그러지 못했다. 첫째를 봐주시려고 근처에 집까지 마련해 이사를 감행한 시부모님의 '평일에 아이를 맡기고 주말에만 집으로 데려가라'는 말씀에 타협하고 말았다. 그것이 시작이었다.

첫째는 서너 살 시절을 할아버지 댁에서 보냈다. 세 살에는 하루 종일 할아버지 집에서만 생활했다. 네 살에 이르러서야 어린이집에 다녔다. 시부모님은 아이를 정성으로 돌보셨다. 그 무렵 나는 많은 업무로 퇴근 시간을 한참 넘기고서야 퇴근하는 날들이 계속되어 집에 돌볼 아이가 없다는 것이 다행이라 생각되기도 했다.

아이가 금요일 저녁에 집에 와서 일요일 저녁이 되어 할

아버지 집으로 갈 때면 눈에 눈물을 가득 담고 가지 않겠다고 버텼다. 그런 모습을 보면 '내가 무엇을 위해 이러고 있나?' 하는 생각을 지울 수 없었다. 언젠가부터 아이는 엄마 아빠와 헤어질 시간이 되면 할아버지와 퍼즐을 맞추거나 책을 읽으면서 애써 엄마 아빠가 가는 것을 못 본 척 했다. 아마도 어린 마음에 아픔을 감당하기가 힘들었으리라.

그 무렵 어린이집 선생님께서 전화를 하셨다. "어머님, 지오가 어린이집에서 자꾸 친구 얼굴을 손톱으로 긁어서 상처를 내요." 앞이 캄캄했다. 우리 아이가 친구들에게 이런 피해를 주게 될 줄이야. 담임선생님에게 전화번호를 물어 상대 어머님에게 허둥지둥 사과했다. 주말에 집에 온 지오와 이야기를 하려고 손을 잡았는데 그때서야 지오의 손톱이 물어뜯어 뭉툭하게 된 것이 보였다. 마음이 쓰렸다. 그렇지 않아도 팔삭둥이로 태어나 깡마르고 예민한 아이인데 얼마나 스트레스가 컸을까 싶었다.

자신의 스트레스를 친구의 얼굴을 할퀴는 것으로, 손톱을 모조리 물어뜯는 방식으로 해결하려 했던 지오에게 부모로서 너무나 큰 죄책감이 들었다. 지오야말로 가족의 희생양이 아닌가. 사실 육아가 버거웠던 엄마, 생활비 부담을 아이를 돌보는 것으로 갚고자 했던 할아버지와 할머니, 강경한 부모님의 의견을 거절하지 못한 아빠. 이 모든 어른들의 이해관계 속에서 가장 여리고 힘없는 지오가 희생된 것이다.

정신이 번쩍 들었다. 때마침 둘째가 생겼다. 사실 직장이 너무 힘들어서 둘째가 반가웠지만, 그보다 둘째를 핑계 삼아 첫째를 집으로 다시 데려올 수 있어서 기뻤다. 고령의 고위험 산모를 핑계로 임신하자마자 휴직을 했고, 첫째를 집으로 데려와 오롯이 지오의 엄마로 살 수 있었다. 몸은 힘들었지만 마음은 편했다. 하지만 상처받은 지오와의 좌충우돌 생활은 이때부터 시작되었다.

지오를 2년간 돌본 시부모님은 많이 지치셨는지 지오를 집으로 데려가는 데 별다른 말씀이 없으셨다. 아침에 바쁘게 준비해 등원시키고 어린이집 엄마들과 모여 이야기도 하고 밥도 함께 먹었다. 가끔 지오 친구 집에 놀러가는 경우가 있었는데, 지오는 아이들과 잘 어울리지 못했다. 친구들이 대부분 남자아이고 지오만 여자아이라고 스스로 위로해보지만 왠지 마음이 쓰이는 것은 어쩔 수 없었다.

다섯 살 지오를 어린이집으로 등원시키는 것은 쉽지 않았다. 교실 앞에서 지오는 항상 눈물을 흘리고 엄마 뒤에 숨어 등원을 거부했다. 그럴 때면 선생님이 지오를 번쩍 안아들고 교실로 들어가셨다. 교실로 들어가면 잘 지낸다는 선생님 말씀에 위안이 되기도 했지만 매일 아침 전쟁 같은 등원을 경험해보니 한편으로는 무난하게 잘 등원하는 아이들이 부러웠다. 지오가 다섯 살, 5월에 지한이가 태어났다. 산후 몸조리와 동생이 목을 가누는 백일이 되는 시기까지 지오는 또다시 할아버지 댁에서 지냈다.

문제는 지오가 여섯 살이 되면서였다. 어린이집을 졸업하고 동네 유치원에 갔는데 등원한 지 한 달도 안 되어 아예 등교를 거부했다. 어린이집 차가 없어 엄마와 등하원했던 어린이집과 달리 유치원 버스로 등하원하는 것이 훨씬 수월하다 느꼈는데 지오는 완강히 거부했다. 3월이 채 지나지 않은 어느 날, 그날도 버티던 지오를 겨우 달래 어린이집 버스에 태웠는데 유치원에서 전화가 왔다.

"어머님, 지오가 유치원에서 계속 울고 아무것도 안 해서 생활이 안 될 것 같아요."

둘째를 업고 부랴부랴 유치원에 갔더니 선생님께서 지오를 집에 데려가는 것이 좋겠다고 하셨다. 너무 화가 났다. 솔직히 말하면 낮에 두 아이를 데리고 있는 것이 겁이 났다. 돌아오면서 "오늘만 쉬고 내일은 가자⋯." 하고 지오를 달랬다.

"싫어!" 지오는 단칼에 거절했다.

"그럼 어떻게 할 거야? 엄마는 낮에 동생 보느라 지오 잘

못 챙겨주는데! 그냥 유치원에 가자."

"싫어!"

"그럼 너 유치원 안 가는 날 엄마한테 떼쓰기만 해봐!"

"알았어."

신생아 둘째를 아기띠에 안은 채 지오 손을 잡고 어르고 달래고 협박까지 하며 꽃샘추위를 뚫고 집으로 오는데 왜 그리 눈물이 났는지 모르겠다. 겉모습만 보면 영락없이 사연 있는 여자 모습이었다. 그 길로 유치원을 퇴소하고 3월부터 함께 생활하다가 6월에 들면서 집 앞 병설유치원에 다녔다. 도보로 등하원이 가능하고 선생님도 아이들에 대한 수용 범위가 큰 분이셨다. 선생님의 배려로 4~5월 바깥놀이를 할 때는 지오도 가끔 참여할 수 있었다.

유치원 등원을 앞둔 5월부터 지오는 놀이치료를 통한 상담을 받았다. 그렇게 지오는 꼬박 2년 동안 매주 수요일 상담에 참여했다. 유치원에 등원할 때는 울고불고 전쟁 그 자체였지만, 상담실에 갈 때는 엄마와 단둘이서 발걸음도 가벼웠다. 놀이치료는 상담사가 아이와 여러 놀이기구들을 다루면서 아이의 생각과 행동패턴을 관찰하고 놀이를 통해 우회적으로 아이에게 필요한 기능들을 서서히 스며들게 만든다.

최근에 상담실 앞을 차로 지나면서 지오가 기억하기에

물었다.

　　"지오는 상담실에 가는 게 왜 그렇게 좋았어?"

　　"응, 어른이랑 그렇게 재미있게 놀아본 적이 없어. 선생님이 나에게 집중해주고 다 맞춰주고."

　　지오는 놀이치료와 유치원을 병행하던 2년이 끝나고 학교에 입학했다. 학교에서도 등원 거부를 하면 어쩌나 걱정이 많았는데, 의외로 학교는 적응이 빨랐다. 일주일 정도 등교를 도와주고 그 이후부터는 혼자 등·하교를 했고 학교에 가지 않겠다고 우는 법도 없었다. 시간이 되면 가방을 메고 학교에 가는 모습이 그렇게 고마울 수 없었다. 지오의 공개수업도 참관하고 교통봉사도 하고 상담주간이 되면 상담도 하면서 엄마와 학부모로서 2년을 보냈다.

　　가끔 지오는 "내가 할아버지 집에 있을 때 엄마는 전화도 안 하고 오지도 않았잖아…." 한다. 시부모님이 어려웠기에 시부모님 댁에 가 있는 지오에게 전화하거나 방문도 자주 하지 못했다. 더 큰 이유는 중간에 지오에게 가면 지오가 헤어지기 힘들어 하는 모습을 보는 것이 힘들어서 피하고 싶었다. 아이는 연락 한 번 없는 엄마가 못내 섭섭했었나보다. 그럴 때면 "지오야, 엄마가 그때는 정말 미안했어." 지오 손을 잡고 진심을 담아 사과한다.

상담 공부를 할 때 한 교수님이 아이의 상처는 부모의 진심 어린 사과를 통해서 치유되고 회복된다고 하셨다. 그 말을 마음 깊이 새겼다. 그래서 그 시절 이야기가 나올 때마다 지오에게 매번 사과한다. 시간을 돌릴 수 없고 엄마도 엄마가 처음이라 미숙했던 그때의 나를 솔직히 이야기하고 거듭 사과했다. 지오가 집으로 오고 지오는 친구의 얼굴을 할퀴는 습관과 손톱을 물어뜯는 습관이 많이 줄어들었다. 엄마와 전쟁 같은 일상을 보내도 지오에게는 집이 좋았나보다.

돌이켜 생각해 보면 지오에게 집중하지 못한 2년의 시간을 4년을 들여 회복한 셈이다. 결국 아이에게 준 상처를 회복하기 위해서는 두 배의 시간이 필요했다. 애착과 회복탄력성, 자존감은 손상되어도 회복이 가능하다는 연구 결과들이 많다. 아이를 상처 없이 키울 수는 없다. 오히려 아이의 건강한 성장에는 상처와 치유와 회복의 과정이 반드시 필요하다.

크고 작은 상처를 두려워하기보다 아이가 받은 상처를 마주하고 치유와 회복을 위해 함께 노력하는 것이 엄마와 아이를 성장시킨다. 양육과정에서 아이에게 상처를 주었다고 자책하기보다는 일어서서 상처를 회복하기 위해 노력하는 것이 더 현명한 선택이다.

아이에게 사과하는 것 어떠세요? 의외로 아이에게 사과하면 부모나 교사의 권위가 무너진다고 생각하는 어른들이 많습니다. 하지만 치유의 시작은 '사과'입니다. 진심어린 사과를 받으면 비로소 상처에 새 살이 돋을 준비가 되는 것이지요. 어른이 사과한다고 아이들이 어른을 얕잡아 보지는 않습니다. 오히려 부모를 이해하고 더 잘 소통할 수 있는 계기가 됩니다. 아주 오래 전 이야기일지라도, 아이가 잊었다 생각하지 말고, "그때 말이야…." 하고 사과의 물꼬를 터보는 것은 어떨까요.

부모의 믿음과 격려가
아이를 움직인다

교실에서 나는 학생들에게 친절하고 매사에 자세한 안내를 하려고 노력하는 교사다. 고학년 아이들이지만 마음으로는 1학년을 지도한다 생각하고 한 줄의 지침보다는 여러 단계로 나누어 제시하려고 노력한다. 가령 2시간으로 배정된 미술 시간에 아이들 저마다 작품을 완성하는 속도가 천차만별이다. "미술작품을 완성하면 조용히 할 일을 하세요" 하고 한 줄을, 게다가 말로 제시하면 교실은 1시간이 채 지나기도 전에 무질서함이 난무하는 곳이 되고 만다.

10분 만에 작품을 완성하고 이리저리 돌아다니는 아이, 그 아이를 보고 작품을 서둘러 완성하고 함께 놀고 싶은 아이, 미처 작품이 완성되지 않은 친구에게 가서 말을 붙이는 아이, 이야기하느라 자신이 작품을 만드는 중이라는 사실조차 잊고 있는 아이 등 수업 분위기는 어느새 미술 활동을 하지 않는 아이들 위주로 움직이게 된다. 이때 교사가 뒷수습을 하려 해도 한 번 분위기가 형성되면 쉽게 바뀌지 않는다. 그래서 미술 시간에는 작품 활동 시작 전에 칠판에 단계별로 다음과 같이 안내한다.

1. 작품이 완성되면 칠판에 있는 이름표를 떼어 작품에 붙인 후에 제출하기
2. 자리 정리하기
3. 다른 친구에게 피해 가지 않는 활동하기(독서, 과제 등)
4. 짝 활동이 가능한 목소리 크기로 말하기(2번_학급에서 약속된 목소리)

이렇게 목소리 크기까지 안내하면 아이들은 자연스럽게 칠판을 보고 단계별로 실행한다. 내가 활동을 끝낸 이후도 수업 시간이며 때문에 마지막까지 미술 활동을 하는 아이들을 배려해야 함을 강조한다. 때로 수업 중임을 잊고 큰소리로 말하기도 하지만 규칙을 상기시켜주면 아이들 스스로 자기조절이 어느 정도 가능하다. 큰 소리를 내지 않아도, 화를 내지 않아도 아이들이 자율적으로 규칙 내에서 활동하려고 노력한다.

학교에서의 나는 크게 감정에 동요하지 않고 아이들의 이야기를 잘 들어주려고 노력하는 친절한 교사이다.

가끔 학부모님과 상담을 하다보면 "선생님 아이들은 참 좋겠어요" 하는 말을 들을 때가 있다. 그때마다 나는 손사래를 친다.

"어머님, 저도 제 아이들에게는 이렇게 못해요."

사실이다. 학교에서는 단계별로 친절한 안내가 가능하지만, 집에서는 나도 그냥 엄마다. 잔소리하거나 한두 번 이야기하다가 못 들은 척 하면 벌컥 화를 내고 마는 다혈질 엄마일 뿐이다. 교실의 나와 가정에서의 내가 다르지 않은데, 이렇게 다르게 행동하는 이유는 무엇일까?

추측컨대 아이들을 만난 시기에 원인이 있을 것이다. 교실의 아이를 만난 시점은 이미 성장한 후이다. 특히 고학년 아이들은 나보다 키가 큰 아이도 있고 그림을 잘 그리는 아이, 관심 있는 특정 지식에 능통한 아이, 운동을 잘 하는 아이 등 성장이 활발하게 이루어져 신체적, 심리적으로 많이 성숙한 상태에서 만난다. 교사로서의 나는 아이들을 존중해야 할 존재, 귀 기울여 들어주어야 할 존재로 보게 된다. 아이들 저마다의 인격, 생각, 입장도 저절로 고려하게 되는 것이다.

반면 우리 집 아이들은 나의 도움 없이는 생존 자체가 불

가능할 때부터 보아왔다. 매일 시나브로 자라는 아이들은 육아의 굴레에 있을 때는 잘 보이지 않는다. 어느 날 문득 아이를 보며 '언제 이렇게 컸지?' 하는 마음이 들 때도 있지만 그마저도 흘러가버리는 생각이다. 의식적으로 보아야만 가끔 보인다. 지오는 고학년에 접어들었다. 하지만 나는 학교에서처럼 친절히 안내하지 않는다.

"지오야, 방 정리해."

"엄마가 말한 지가 언젠데, 아직도 안 하고 있니?"

"너 자꾸 잔소리하게 할래?" 등 친절하지 않은 한 줄의 반복이다. 나는 아직 지오를 엄마 도움 없이는 아무것도 못하는 신생아로 생각하고 있는지도 모른다. 부모님과 상담을 하면 아이가 학교생활을 아주 잘하고 있는데, "집에서는 정리도 안 하고 엉망이에요" 하고 걱정하는 부모님들이 의외로 많다. 나를 포함해서 말이다.

우리 아이를 내가 알려주고 일러주지 않으면 아무것도 못하는 유아기 아이처럼 대하는 것은 아닌지 부모로서의 태도를 돌아본다. 교실에서 만난 아이들은 대부분 답을 알고 있었다. 내가 지금 무엇을 해야 할지 판단이 가능하다. 집에서, 교실에서 해야 할 것들은 이미 넘치도록 들었고 알고 있다.

다만 매일 반복되는 엄마 잔소리를 들으면서도 하지 않

는 이유는 안내가 친절하지 않아서일 수도 있다. 지오가 방을 정리하지 않아 잔소리하다 지쳐 문을 닫아두고 피하며 지냈던 적이 있다. 함께 깔끔하게 정리해도 돌아서면 귀신이 나올 듯 뒤숭숭해져 있었다. 그러기를 몇 번 하다 지쳐 모른 척하고 있었다.

어느 날 보다 못해 지오의 방을 청소하던 남편이 '혹시 수납공간이 부족한 것 아닐까?' 하고 이야기했다. 돌아보니 정말 짐들을 쌓아둘 수 없는 구조였다. 수납공간을 대폭 늘린 후 지오 방은 몇 달째 깔끔하게 유지되고 있다. 교실에서처럼 집에서도 아이에게 친절한 안내가 필요하다. 관심 있게 지켜보고 아이가 유지할 수 있는 환경을 만들어주는 세심함이 필요하다.

아이가 스스로 할 수 있다는 믿음을 가지고 행동을 지켜봐주는 것, 그 속에서 언뜻 보이는 아이의 자율성을 발견해 격려할 줄 아는 부모가 아이를 움직인다. 그 속에서 아이의 자율성과 독립심이 자란다.

아이 눈높이로 이해하기

아이가 엄마보다 잘 하는 것이 있나요? 가령 엄마보다 그림을 잘 그린다든가 게임을 잘한다든가 달리기를 잘한다든가, 사소한 것이라도 좋아요. 그런 것을 몇 가지 찾을 수 있다면, 아이는 더 이상 부모 잔소리를 필요로 하지 않는 시기가 되었음을 의미합니다. 이 시기에는 아이 속에서 한걸음 빠져나와 아이를 지켜보는 역할을 하는 것이 효과적입니다. 그 속에서 격려와 칭찬, 바람을 '부탁'의 형태로 전하려고 시도해보세요. 행동의 변화가 즉각적으로 일어나지는 않을지라도 부모와 아이의 관계는 더욱 돈독해진답니다.

한 명의 아이를 키우기 위해 온 마을이 필요한 이유

하늘 아래 같은 날이 없듯 하늘 아래 같은 아이도 없다. 비슷한 성향의 아이라 할지라도 성장 과정에서 환경의 영향을 많이 받기 때문에 성장기 아이들을 대할 때 섣부른 판단은 조심스럽다.

교실에서 아이들을 대할 때 성급하게 판단하는 경우가 더러 있다. 주로 이전에 비슷한 성향의 아이를 만났던 경험이 있을때 그런 오류에 빠지기 쉽다. 어느 해, '선택적 함구증' 증상을 보이는 아이를 만났다. 그해 나는 3학년 도덕과 6학년 음악을 담당하는 전담 교사였고, 3학년 아이들은 일주일에 한 번 만났다. 영수는 교실에서 한 마디도 하지 않았다. 발표 차례가 오면 침묵으로 일관했고 아이들도 익숙한 듯, "선생님, 영수는 원래 말 안 해요" 하고 알려주었다.

선택적 함구증은 기질적으로 불안을 많이 느끼거나 지나치게 내향적이고 부끄러움이 많은 아이들에게 나타날 가능성이 높은 소아 불안장애의 한 증상이다. 양육과정에서의 사회적 고립, 부모의 과도한 통제, 과잉보호 등으로 생길 수 있지만 정확한 원인은 알 수 없다. 집에서는 말을 잘 하지만 학교처럼 단체생활을 하는 곳에서는 1개월 이상 또래와 사귀지 않고 말도 하지 않는 등의 증상을 보인다.

저 아이가 우리 반이라면…. 영수도 친구들도 침묵이 당연한 듯 평온한 교실을 마주하며 고민한 적이 있었다. 몇 년이 흘러 우리 반 교실에서 영수처럼 선택적 함구증이 있는 동수를 만났다. 아이들과 만난 첫 주, 발표 시간에 '내 이름은 ~입니다'라는 발표를 하다가 동수 차례가 되었다. 동수는 아무 말도 하지 않았고 아이들은 "선생님, 원래 동수 말 안 해요"라고 했다. 나는 시간을 두고 동수가 말하기를 기다렸다. 보통의 경우 기다리면 오래 걸리더라도 아이들은 작은 목소리일지언정 대답한다.

하지만 그날 동수는 결국 발표를 하지 않았고 '다음에는 꼭 동수의 목소리를 들었으면 좋겠어' 하고 발표를 건너뛰었다. 동수를 대하며 문득 영수가 생각났다. 당연한 듯 영수도 아이들도 발표를 시도하지 않고 기대하지 않는 모습. 나는 당연한 것이 당연한 것이 아닌 분위기를 만들고 싶었다.

　3월 중순쯤 발표를 하다가 다시 동수 차례가 왔을 때 '동수야, 오늘은 동수가 발표할 때까지 선생님이 기다려줄게.' 하고 이야기했다. 발표 주제도 "오늘 아침에 내가 먹은 것은 ~이다"로 비교적 쉬워서 기다리면 작은 목소리로라도 이야기하겠지 싶었다. 그러나 동수는 끝내 말하지 않았다. 일어서서 불안한 표정으로 서 있는 동수를 바라보며 발표하기를 기다리다가 파르르 떨리는 동수의 손을 보았다. '내가 지금 무얼 하고 있는 거지?' 순간 나의 욕심이 동수를 힘들게 한 것이 아닌가 싶은 자각에 정신이 번쩍 들었다. 그날 이후 1년 동안 동수 목소리를 듣지 못했다. 발표 차례가 오면 동수는 공책에 자신의 발표 멘트를 글로 적었고, 그 글을 짝이 읽어주었다.

　아직도 동수를 생각하면 그때 파르르 떨리던 동수의 손가락이 떠오른다. 내가 욕심을 조금 더 내려놓았더라면 동수가 졸업하는 그 순간이라도 목소리를 들려주었을까? 모를 일이다. 학부모 상담주간에 어머님과 상담을 하면서 동수 이야기를 하고 싶었지만 어머님은 시종일관 동수는 평범한 아이이며 조금 내성적인 성격이라고만 말씀하셨다.

　분명 초등학교 5년을 거치며 아실만도 한데 모르시는 것인지, 모른 척하시는 것인지 판단이 서지 않았다. 동수는 독서를 많이 하고 생각도 깊은 아이였다. 하지만 평범한 교사인 내 영역을 넘어서는, 전문적인 도움이 필요한 아이였다.

요즘은 개인정보가 중요시되기 때문에 학부모가 교사에게 아이의 성장 과정이나 특별히 배려가 필요한 부분을 말하지 않으면 교실에서 1년을 함께 지내도 모르고 지나치기 쉽다. 교실에서 만나는 아이들 중 상처가 깊은 아이들은 성장 과정에서 상처받거나 그런 상처로 인한 트라우마가 있는 경우가 종종 있다. 학교에서 받은 상처는 아이에게 물어보면 비교적 쉽게 대화가 가능하지만, 부모 입장에서 숨기고 싶은 가정사는 1년이 지나도 모르고 지나가는 경우가 많다.

학부모님들의 흔한 오해 중 하나가 숨기고 싶은 가정사를 교사에게 털어놓으면 교사가 색안경을 끼고 아이를 대할 것이라는 생각이다. 일반적이지 않은 가정사가 알려지면 그로 인해 아이가 차별받고 힘든 학교생활을 하게 될지도 모른다는 불안감을 갖게 되는 경우가 많은 듯하다.

하지만 아이의 힘든 부분을 알면 교사는 아이와 생활하는 동안 그 부분에 대해 특히 조심하게 된다. 부모의 이혼으로 아빠와 살고 있는 우진이의 가정사를 알게 되고 학급에서 '엄마가 말이야…' 하는 말 대신 '부모님이 말이야…' 하는 말로 가려 쓰는 것처럼. 그리고 혹시 모를 실수에 대비해 아이들에

게 부모님은 내가 선택할 수 없는 부분이며 부모님의 배경이
나 상황으로 인해 친구를 판단하는 것은 상처를 주는 일임을,
교사인 나의 예를 들거나 관련 그림책을 활용하는 등 표 나지
않게 자주 이야기해준다. 그 아이가 마음 상하지 않도록, 교실
생활이 편하도록 더 마음을 쓴다.

그렇지만 동수처럼 표 내지 않는 부모님을 만나면, 오히
려 해줄 수 있는 일이 아무것도 없다. 교실에서 전혀 말을 하
지 않는 현상에만 집중해 동수를 배려하는 것이 최선의 방법
일 수밖에 없다. 원인을 모르니 섣불리 접근할 수 없다고 하는
편이 맞겠다. 부모님과 아이가 원하면 연계해줄 수 있는 무료
심리상담 서비스도 함부로 권할 수 없다. 제도는 많으나 활용
할 수 없는 안타까운 상황이 되고 만다.

한 명의 아이를 키우기 위해 온 마을이 필요하다는 인디
언 속담이 있다. 1년간 아이의 성장을 위해 교사와 학부모가
신뢰를 근간으로 아이를 돌보고 배려해 아이가 한 뼘 더 성장
한다면 더할 나위 없이 좋을 것이다. 아직도 떠올리면 아픈 이
름, 그 당시 나의 미숙함으로 많은 도움을 주지 못했던 동수가
언젠가 우연히 마주쳤을 때 큰 목소리로 '선생님' 하고 부르는
날이 오면 좋겠다.

아이들의 시계는
저마다 다르다

　학부모는 아이의 주양육자이며 삶에 가장 큰 영향을 끼친다. 학부모 상담이 대면으로 이루어지던 시기에는 전화 상담을 신청하는 분이 거의 없었다. 대부분 학교에 방문해서서 얼굴을 뵙고 이야기를 나누었다. 하지만 코로나로 전화 상담이 당연해졌다. 눈을 보고 이야기하는 것만은 못하지만 그래도 아이에 관해 시간을 내어 함께 이야기할 수 있다는 것 자체로 의미 있는 일이다.

　대부분 부모님은 아이가 학교에서 친구들과 잘 지내고 있는지 궁금해 하신다. 혹시 우리 아이가 친구들 사이에서 따돌림을 당하지는 않는지, 친구 관계에서 상처를 받지 않는지 등 성적보다는 아이들의 생활 모습을 궁금해 하신다. 그런 마음을 알기에 상담에서는 학급에서 아이와 겪은 소소한 일상, 쉬는 시간이나 수업 중에 관찰되는 아이들의 생활 모습을 말씀드린다.

많은 경우 교실에서의 아이 모습과 학교에서의 모습이 다르다. 지오만 하더라도 집에서는 끊임없이 말을 하고 동생에게는 무서운 누나지만 학교에서는 세상 얌전하고 말이 없는 아이다. 부모님이 걱정하시는 많은 것들은 실은 자연스러운 현상이다. 교실에는 엄연히 지켜야 할 규칙과 많은 시선이 존재한다. 또한 자신의 본 모습이 친구나 선생님에게 받아들여질지 알 수 없는 상태이므로 자신을 온전히 내어놓을 수 없다. 교실에서는 세상 얌전한 지오가 자신을 온전히 받아주는 집에서는 왈가닥 괴짜로 변하는 이유다.

"선생님, 아이가 집에만 오면 짜증을 부리고 마음대로 하려고 해요. 어떻게 하면 좋을까요?"하고 물어오는 경우가 있다. 그럴 때는 "어머님, 아이가 집에서 마음 편하게 생활하고 있다는 뜻이군요. 어머님께서 집을 편안한 분위기로 만들고 계시네요. 아이 정서에 좋은 것 같아요."하고 말씀드린다. 전화기 너머로 당황하시는 부모님의 모습이 느껴진다.

물론 부모님 마음을 모르는 바 아니다. 워킹맘인 나도 퇴근하고 집에 가면 말꼬리를 잡으며 오만짜증을 다 부리는 지오를 만난다. 그러면 내 마음도 평화롭지 않다. 하지만 화가 올라올 때마다 집에서 마음 편히 행동하지 못하면 어디에서 마음대로 할까? 하는 생각을 애써 하며 심호흡을 한다. 물론 나도 사람인지라 열 번 중 일곱 번은 화를 낸다. 하지만 의식적으로 생각을 돌리려 노력하면 최소한 세 번쯤은 감정 제어가 가능하다.

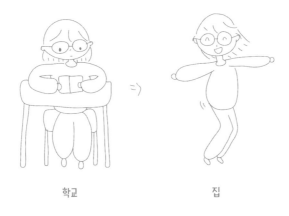

학교　　　　　　　　집

　지오처럼 부끄럼이 많고 사람들 속에서 생활하는 것에 큰 에너지를 쓰는 아이들은 생각보다 많은 기다림이 필요하다. 사람을 좋아하는 외향적인 아이들은 일주일도 채 걸리지 않는 적응기를, 지오는 6년이나 보냈다. 옛날 고된 시집살이를 버텨내는 며느리들 지혜의 시간인 '귀머거리 3년, 벙어리 3년'이 지오에게 그대로 해당되었다. 지오는 어린이집과 유치원을 합쳐 3년의 시간을 귀머거리처럼 아무리 설득해도 듣지 않고 눈물로 등원했다. 그러다 학교에 입학하게 되면서 필요한 말만 하는 벙어리 3년의 시간을 보냈다. 지오는 학교에 가면 말을 너무 안 해서 학교에서 듣는 자신의 목소리가 낯설다고 했다. 어쩌다 발표 차례가 오면 너무 긴장한 나머지 손에 땀이 흥건하고 목소리가 갈라져 나와 웃음을 사는 일도 흔했다. 이야기를 듣는 부모로서의 마음은 너무 아팠지만 그렇다고 해줄 수 있는 일도 딱히 없었다. 그저 "다음엔 잘 할 수 있을 거야"라는 말과 함께 기다리는 수밖에…. 그렇게 학교생활 4년차 즈음에는 친구들과 쉬는 시간에 이야기도 나누고 발표 시간에도 목소리를 조금씩 내었다. 아이들마다 다르겠지만 지오처럼 시간이 많이 필요한 아이도 더러 있다.

집에서의 내 경험이 이렇다 보니 적응에 시간이 많이 필요해 보이는 아이들도 '끝이 있겠지…' 하는 생각이 든다. 귀머거리 3년과 벙어리 3년의 시간 동안 마음속에서 '말할까 말까?' 끊임없이 망설이고 고민하는 아이들을 위해 교실은 집처럼 편안한 공간을 만들어가고 싶다. 앞으로 만날 많은 교실 속 지오가 교실에서만큼은 마음이 편했으면 하는 바람으로.

집에서의 아이와 학교에서의 아이가 많이 다르지요? 집에서 정리도 잘 하지 않고 허술한 아이가 학교에서는 세상 깔끔하고 정리를 잘 하기도 하고, 학교에서는 모범적인 우리 아이가 집에서는 아기처럼 아무것도 하지 않고 까칠한 말들을 쏟아내기도 합니다. 모두 자연스러운 현상입니다. 집에서도 완벽한 아이가 되기를 바라기보다 집을 베이스캠프 삼아 집에서 나의 허술함이나 불완전한 부분을 온전히 내어 보일 수 있도록 안전한 공간을 만들어주세요. 마음의 긴장과 이완이 교차하며 균형감 있게 성장할 수 있는 디딤돌이 될 것입니다.

엄마 아빠가 사이가 좋아서
우리 집이 좋아요

아이들과 함께 보내는 나른한 주말, 문득 아이들이 생각하는 우리 가정은 어떤 모습일까 궁금했다. "우리 집의 좋은 점은 무엇일까?" 질문을 던지고 대화 마중물로 삼았다.

지오는 집에 오면 편안한 것을 첫째로 들었다. 학원을 강요하지 않는 것이 친구들과 비교해 가장 좋은 점이라고 했다. 내가 하고 싶은 마음이 들면 하는 것, 이것이 가장 좋다고. 그리고 엄마, 아빠가 잔소리 할 때 걱정하는 마음으로 하는 것이 좋다고. 예를 들어 핸드폰 화면을 너무 많이 보고 있을 때, "지오야, 눈 나빠질까봐 걱정되는데 그만 보는 게 어때?" 하고 이야기하는 것이 듣기에 좋다고 했다.

물론 이렇게 좋게 말했을 때 들은 척도 않고 계속 게임을 하고 있으면 엄마 목소리가 커지고 잔소리도 심해지지만 처음

이야기를 할 때 걱정하는 마음이 남아 있었나보다.

아빠는 너무 예민하고 감정 기복이 크지만 아침을 준비할 때 자세히 물어봐주는 것이 장점이라고 했다. 아빠는 "지오야, 오늘 아침은 뭐 먹고 싶어?" 하고 물어보는 것부터 "계란후라이 노른자를 익혀줄까?" 하는 디테일까지 살려 아이가 원하는 것을 해주려고 노력하는 편이다. 그러다보니 매번 식탁에는 아이들이 좋아하는 저마다의 계란후라이가 차려진다. 아빠는 힘들지만 아이들 만족도는 높다.

어느 날 잔뜩 삐친 둘째가 집을 나가겠다고 선언했을 때, 지오가 "너 다른 집에 가면 학원도 많이 다녀야 하고, 식사 시간에도 주는 것만 먹어야 할지도 몰라" 하는 것으로 미루어 짐작해볼 때 표현은 안 하지만 진심으로 집을 좋아하는 것 같다. 또 아빠는 사과가 빠르다. 감정 제어가 잘 되지 않아 크게 소리를 지르거나 위협적인 언사를 하는 날이면 지오는 눈물을 뚝뚝 흘릴 만큼 속상해하고 억울해한다.

하지만 아빠는 그 이후 마음을 가라앉히고 "지오야, 무서웠지?" 하며 아빠의 입장과 미안함을 전하고 지오의 속상함을 알아주려 애쓴다. 3년째 잠들기 전에 다리를 주물러주며 이야기를 들어주려는 노력도 계속 해오고 있다. 그래서 아이들은 잘 때가 되면 항상 아빠를 기다린다.

엄마는 잔소리가 많고 아빠처럼 감정의 기복이 크다. 항상 바빠서 스스로 숙제를 하거나 준비물을 챙겨가야 하는 경우가 많다. 안내장도 애써 보여주지 않으면 엄마가 살뜰히 챙겨주는 경우는 거의 없다.

하지만 아빠와 감정이 상하면 다가와서 이야기를 들어준다. 가끔 아빠와 한편이 되어 몰아세우는 경향이 있지만 대체로 아빠가 예민해져 있을 때 막아주거나 보호해준다. 반대로 엄마가 화가 났을 때는 아빠가 중재해준다. 엄마와 아빠 둘 다 화가 나 있는 경우는 많지 않아서 누가 화를 내도 한 명쯤은 내 마음을 알아줄 어른이 집에 있다는 것이 장점이다.

엄마, 아빠는 사이가 좋다. 주말에는 특히 저녁 시간에 한 시간씩 식사를 하면서 이야기를 한다. 우리 이야기도 있고 아빠의 회사 이야기, 엄마의 반 아이들 이야기까지 끝이 없다. 그 시간에 우리는 TV를 보거나 게임을 하면서 우리의 이야기를 보태기도 한다. 친구들의 이야기를 들어보면 가끔 부모님이 싸우기도 한다는데, 우리 집은 부모님이 크게 싸운 적이 없으니 집안일로 마음이 불편해지거나 불안했던 적은 없다.

아이들에게 항상 미안함이 컸다. 워킹맘으로 바쁜 엄마의 뒷모습만 보여주는 것이 때로 엄마로서 할 일을 다 하지 못하고 있다는 죄책감으로 연결되기도 했다. 하지만 지오는 엄마가 바쁜 것이 더 좋다고 했다. 가끔 시간을 내어 이야기를 들어주는 것만으로도 좋다고 했다.

　　정신과 전문의 문요한은 그의 저서 《관계를 읽는 시간》에서 부모가 아이와의 안정적 애착을 형성하는데 물리적인 시간의 양보다 더 중요한 것으로 부모의 소통 방식을 꼽았다. '아이의 마음'을 궁금해 하고 마음을 따라가며 대화하는 부모가 아이의 안정적 애착 형성에 결정적 영향을 끼친다고 했다. 따라서 아이와 이야기를 할 때 부모는 자신에게 집중하기보다는 아이가 보내는 신호와 같은 비언어적 요소를 알아차리는 것에 주의를 기울여야 한다. 또한 자신의 마음을 잘 표현하지 못하는 아이의 반응을 유심히 살피면서 대화를 나누어야 한다고 했다. 아이의 마음을 헤아리는 마음을 가진 양육자 밑에서 자란 아이는 당연히 자신의 마음에 관심을 기울이며 나아가 다른 사람의 마음에도 관심을 갖는다.

　　우리 집의 좋은 점을 물었을 때 7살 둘째는 "엄마, 아빠가 사이가 좋아. 결혼을 잘한 것 같아."라고 대답했다. 동문서답이라 웃어넘겼지만 어찌 보면 가장 본질적인 답을 말한 것이 아니었을까 싶다. 결국 아이의 안정적 애착은 안정적인 가정의 분위기에서 오는 것이라 할 수 있다. "우리 집의 좋은 점은 무엇일까?" 하고 오늘 아이들에게 질문을 던져보는 것은 어떨까?

무심코 내뱉은 한 마디가
아이 마음에 평생 새겨진다

나는 영어를 정말 못한다. 아니 싫어한다는 표현이 더 정확할지 모르겠다. 싫어하니 안 하고 안 하니 못하는 악순환을 평생에 걸쳐 하고 있다. 그런데 아이러니하게도 나의 교대 입학 전 학교에서의 전공은 '영어영문학'이다. 공대생이면서 영어를 좋아하고 잘하기까지 하는 남편의 놀림 대상인, 어디에 당당하게 말하기 부끄러운 나의 전공 선택에는 그만한 배경이 있다.

나의 영어 공부는 중학교에 들어가면서 시작되었다. 요즘이야 초등학교 3학년부터 영어가 교과에 포함되어 있고, 앞서 영어유치원 등이 있지만 그 시절 시골학교에 다니던 나는 중학교 1학년이 되어서야 알파벳부터 영어를 경험할 수 있었다. 처음에는 영어가 재미있었다. 매일 치는 단어시험의 신선함이 좋았다. 그러다 학년이 높아지며 영어도 어려워졌다.

어느 날 영어 선생님이 교과서에 긴 영어지문을 읽어볼 사람? 하고 말씀하셔서 나는 부담 없이 손을 들었다. 그런데 조용한 가운데 영어 지문을 읽는 내 목소리가 나의 상상과 많이 다른 것이다. 연습을 하지 않으니 더듬더듬 막히고, '아메리칸 스타일'의 유창한 발음도 아니었다. 심히 부끄러웠고 말하기에 대한 두려움이 생겼다. 그래도 영어가 그렇게 싫지는 않았는데 영어를 싫어하는 것을 넘어 이생에는 인연이 없다고 생각한 결정적인 이유는 두 번째에 있다.

그 시절 고등학교에 진학하려면 고입선발 시험을 치러야 했다. 울산은 성적별로 고등학교가 정해져 있었고 원서를 접수하고 연합고사를 치고 합격하면 입학하는 방식이다. 고등학교를 재수할 수 없기에 중3쯤 되면 엄청난 스트레스를 안고 공부했다. 학원도 다니지 않고, 아빠는 일찍 돌아가시고, 여자는 공부할 필요가 없다고 생각하는 할머니 밑에서 엄마와 떨어져 학창시절을 보낸 나는 내 처지를 비관하며 우울의 바다에 빠져 허우적대기 다반사였다.

당연히 공부는 시험 기간 대충 벼락치기만 했고 공부를 하려 해도 잡생각이 많아 집중하기 어려웠다. 흐르는 대로 살다 보니 고입 시험이 다가왔다. 원서 상담 기간, 나의 보호자이자 후견인인 삼촌이 학교에 다녀가셨다. 자신감이 없어도 너무 없었던 내 의지와 상관없이 나는 내 성적보다 약간 높은 고등학교에 원서를 넣었다. 그해는 모의고사보다 실제 시험이 쉬워 연합고사를 겁먹었던 것보다 쉽게 치렀다. 연합고사를 치르고 중학교에 들러 시험문제를 궁금해 하시던 선생님들께 내 시험지를 내어드렸다. 잘 했다고, 수고했다고 인정받고 싶었다.

그러나 돌아오는 영어 선생님의 한 마디가 아직도 생생하다. "진숙이 넌 영어 그래가지고 안 돼. 그 영어 실력으로는 앞으로도 아무것도 못할 거야." 농담인가? 싶어 선생님의 안색을 살폈지만 100% 진심이었다. 당시 선생님 눈에 기본적이고 쉬운 문제를 틀렸을 거라 짐작해보지만 어디까지나 나의 추측이다. 어쨌든 그날, 나는 영어에 대한 자신감과 흥미를 완전히 잃었다. 고등학교를 어찌어찌 들어갔지만 수능에서도 영어는 나의 복병이었다. 책으로 하는 공부니 그래도 단어를 열심히 외우고 문제를 풀어 평균 수준으로 맞추기는 했지만 말하기는 벙어리 수준이었다.

대입 원서를 쓸 무렵, 어차피 교육대학교에 진학할 거니 보험의 성격으로 넣는 일반 대학교는 아무 과나 선택하자 싶어 못하는 영어나 잘 해볼까 하는 생각에 '영어영문학과'에 원서를 넣었다. 모든 교육대학교는 나를 거부했고, 아무 대학교 아무 과인 '영어영문학과' 학생이 되었다. '이렇게 될 줄 알았으면 좋아하는 국어국문학과에 진학할 것을….' 하는 늦은 후회를 했지만 이미 돌이킬 수 없었다. 영문과에 진학해서도 글로 배우는 영어는 재미있게 공부했지만 '회화'나 '토익' 같은 나의 좋지 않은 기억과 연결된 분야는 철저히 배제되었다. 그러다보니 영문과를 나와도 말 한 마디 못하는, 토익점수를 어디 내놓을 처지가 못 되는 사람이 되고 말았다. 이런 나를 두고 남편은 때때로 '영문과 출신 맞나?' 하고 놀린다.

　내가 영문과를 선택한 이유는 무엇일까? 아마도 '너는 안 돼'라는 영어 선생님의 말이 틀렸다고 증명하고 싶었는지도 모른다. 영어 공부를 하려면 아직 새털 같이 많은 시간들이 남

멋져!

아 있는데 고작 3년 공부한 나에게 너무나 단정적인 말이었는지 모르겠다. 그때는 말하지 못했지만 내가 할 수 있음을 세상에 증명하고 싶었다. 영어 못하는 영문과 출신이지만 그래도 영어가 포함된 이런저런 시험에 통과할 수준은 되고 영어를 못해도 내 삶이 '안 되는 것'은 아니라는 것을 스스로에게 보여주고 싶었는지도 모르겠다.

　말 한마디의 힘, 그것은 참으로 무서운 것이었다. 긍정의 말이 나를 살렸다면, 부정의 말 또한 집요하게 나를 따라다니며 중요한 순간에 귓가에 속삭였다. 그것을 떨쳐내기가 참으로 힘들었다. 아직도 영어 울렁증이 있는 것을 보면 그때 그 말이 나에게 많은 부분 영향을 끼치고 있는 것이 분명하다. 영어 선생님의 의도가 나빴다고 믿지는 않는다. 다만 내가 무심코 내뱉은 한 마디가 누군가의 삶에 이토록 오랫동안 분명하게 영향을 줄 수 있겠구나 하는 나름의 깨달음을 얻었다. 앞뒤 생각 없이 감정적으로 말하려는 나를 붙드는 기억이다. 화석처럼 굳어진 이 기억은 이제 나를 만나는 많은 사람들, 특히 아직 성장기에 있는 아이들에게 어떤 말을 해주어야 할지 순간순간 고민해야 하는 이유가 되었다.

아이들의 이름을
불러준다는 것

방송 담당 선생님께 메시지가 왔다. 교가 영상에 쓰이는 사진을 바꿀 예정이니 각 반 대표 사진이 4장쯤 필요하다고 했다. 찾아보니 우리 반 대표 사진으로 활용할 만한 사진이 마침 4장쯤 있었다. 3월 처음 만난 날 벚꽃 아래에서 찍은 학급 단체 사진과 수학여행, 야외수업에 찍어둔 사진이 맞춘 것처럼 4장이다.

아이들과 이야기하면서 함께 사진을 살펴봤다. 3월 첫 단체 사진을 보고 아이들이 의아해했다. "어? 선생님, 사진이 좀 이상해요." 3월의 사진에는 무언가가 빠져 있었다. 모두 웃는 얼굴로 사진을 찍었지만 만개한 벚꽃이 무색할 정도로 사진 속 분위기는 왠지 썰렁했다. 그때는 없고 지금은 있는 그것은 '친함'이다. 그 미묘한 흐름의 차이가 사진 속에 뚜렷이 보였다.

매년 3월의 첫날에 '학급'이라는 이름의 통장이 개설된다. 이 통장의 잔고가 미치는 영향은 광범위하다. 수업 분위기, 아이들이 학급에서 느끼는 안정감, 교사가 느끼는 생활지도의 난이도 등이다. 금융권의 통장들이 그렇듯 학급이라는 통장도 개설되었다고 해서 저절로 잔고가 불어나지 않는다. 길지 않은 경험으로 미루어볼 때 잔고는 교사의 꾸준하고 부단한 노력으로 조금씩 불어나 어느 시점이 되면 복리로 증가한다. 내가 학급 통장의 잔고를 늘이는 방법은 아이들의 이름을 불러주는 것이다.

　　첫 번째는 아이들의 이름을 매일 한 번은 불러주는 것이다. 이는 교사라면 대부분 알고 있지만 실천하기가 생각보다 쉽지 않다. '성을 붙이지 않고 이름만 친근하게', '하루에 꼭 한 번은' 불러주어야 하는 그것, 몸짓에 지나지 않았던 그것이 나에게로 와 '꽃'이 되는 마법을 가진 그것이 바로 '이름'이다.

　　아이의 명부에 동그라미를 쳐가며 매일 이름을 불러주고, 마음속으로 특정 아이를 생각하고 이름을 불러줄 기회를 호시탐탐 노리던 때도 있었다. 나름의 시행착오 끝에 아이들의 이름을 매일 한 번은 불러줄 수 있는 루틴을 찾게 되었다. 매일 급식 시간에 "○○아, 맛있게 먹어"하고 인사하는 것이다. 아주 짧은 인사지만 이 한 마디가 주는 힘은 적지 않다.

'나'의 이름이 들어가기 때문이다. 지난 학기 코로나로 며칠 격리되었다가 다시 출근한 첫날 급식 시간, 파랑이가 "선생님이 안 계실 때 점심시간에 제가 대신 친구들에게 맛있게 먹으라고 인사해줬어요" 하고 자랑스레 이야기했다. 덕분에 급식 시간이 썰렁하지 않았다며 웃으며 이야기하는 파랑이를 보며 아이들이 생각보다 자신의 이름을 불러주는 것을 중요하게 생각한다는 것을 알게 되었다.

두 번째는 생활기록장을 통해 아이들에게 말을 거는 것이다. 몇 해 전, 옆 반 선생님을 통해 알게 된 생활기록장을 학급에 활용하고 있다. 하루 중에 일어난 일들에 대한 감사일기, 나에게 하는 칭찬, 학급에 건의하고 싶은 것, 오늘 꼭 실천하고 싶은 것 등으로 이루어진 짧은 글이다. 아이들은 매일 짧은 글을 쓰고 나는 매일 짧은 댓글을 단다. 주로 아이들의 감사일기나 칭찬일기를 긍정하고 응원을 보낸다. 매일 26권의 생활기록장에 댓글을 다는 것이 쉽지만은 않지만 해야만 하는 일이라 스스로를 다독이며 열 일 제쳐두고 1순위로 해야만 하는 루틴이 되었다.

낙숫물이 모여 바위를 뚫는다고 별것 아닌 듯 보이는 하루하루가 모여 잔고가 쌓이고 2학기쯤 되면 복리로 쌓인다. 아이들이 학급에서 편안함을 느끼고 교사로서 아이들이 최고로 사랑스러워 보이는 시기는 2학기 중간쯤, 바로 10월이다. 올해는 석면 공사로 인해 8월 초에 개학했으니 9월인 지금이 바로 그 시기다. 통장 잔고가 쌓이면 서로에게 후해진다. 아이들은 교사의 말을 귀 기울여 듣고 생활에 반영하려 노력하고 교사의 사소한 실수에 '그럴 수 있죠' 하고 기꺼이 이해해준다. 교사 또한 마찬가지다. 수업 분위기가 잡히고 서로 존중하는 분위기가 스며든 것을 눈으로 확인할 수 있다. 통장 잔고만 봐도 부자가 된 기분, 바로 개학 후 한 달을 맞는 지금의 내 기분이다.

육아의 중심은
우리 아이에게 있다

시대별로 요구되는 인재상의 요건에는 공통점이 있다. 여러 변형 요소들이 있기는 하지만 포함하는 가치는 비슷하다. 성실, 자기주도, 긍정과 같은 도덕 교과서에 나올 법한 가치들이다. 예를 들면, 요즘 유행하는 '코딩교육'은 자기주도적 문제해결력이다. 어떤 문제가 발생하면 그 문제를 컴퓨터가 해결하는 방식으로 작게 나누어 해결함으로써 절차적 사고를 학습하는 것인데 문제를 내가 해결하려 마음먹는 '자기주도'의 가치가 전제되어야 한다.

학교에서 유행하는 여러 교수학습기법도 마찬가지다. 생각을 시각화해 표현하는 비주얼 씽킹, 가정에서 학습한 후 학교에서 문제를 해결하는 거꾸로 학습, 질문을 통해 문제를 해결해나가는 하브루타까지 성실, 자기주도, 긍정과 같은 가치들을 길러주기 위해 고민을 거듭한 학습 방법들이다.

결국 추구하는 목표의 본질은 동일하고 방법적 변형이 존재한다는 것이다. 방법적 고민을 거듭하여 교과서도 일정 주기마다 수정된다. 시대마다 조금씩 달라지는 아이들에게 필요한 역량은 무엇이며 어떻게 하면 학습이 잘 이루어질까 하는 고민의 결과일 것이다. 양육도 마찬가지다. '맹모삼천지교'라 불리며 학습 분위기를 조성하려 이사를 세 번이나 다녔던 이야기가 '학군'이라는 이름으로 거주지를 옮기는 지금까지도 오랜 세월에 걸쳐 반복되고 있다.

아이를 양육하는 것도 어쩌면 왕도가 있지 않을까? 서점에 가보면 양육에 관한 도서가 도서관의 큰 책장을 차지하고 있다. 책장에 꽂혀 있는 책의 목록을 보는 것만으로도 양육의 트렌드를 알 수 있을 정도다. 요즘은 독서, 영어, 홈스쿨링에 관한 책이 많이 눈에 띈다. 사실 아이들의 독서나 영어, 홈스쿨링도 자기주도성과 성실함만 갖추면 가능하다. 아이가 그러한 능력을 갖출 수 있도록 엄마가 양육과정에서 도움을 주는 것이다.

그렇다면 성경이나 불교의 진리를 담아놓은 책처럼 본질에 가까운 도서 하나만 있으면 될 것을 평생 읽어도 다 읽지 못할 만큼의 많은 책들이 쏟아져 나오는 이유는 무엇일까? 아마도 아이들의 성향이 제각각 다르기 때문일 것이다. 아이들의 성향이 다르기에 적용되어야 할 방법도 조금씩 차이가 있다. 어떤 아이는 그림책을 통해 본질에 다가가기도 하고, 어떤 아이는 미술활동을 통해 다가가며, 또 다른 아이는 영어를 통해 다가간다. 한 분야에서 내가 '잘 한다'라고 생각할 만큼 집중해서 결과를 이루어내면 그만큼의 경험이 쌓이고 그 경험을 토대로 자신감이 생긴다. 그것이 가정에서, 학교에서 아이에게 마련해 주어야 할 가장 중요한 배움의 시작점이다.

아이를 영재로 만든 학습법, 몇 개 국어에 능통한 아이로 만든 학습법은 그 아이와 그 부모에게 맞는 학습법이다. 아무리 친절하게 안내해놓아도 우리 집에서 그대로 실현이 잘되지 않는다. 세상에 같은 아이는 없다. 양육서에서 말하는 방법도 성향이나 환경이 유사한 소수의 아이에게 맞는 방법일 수 있다. 아이의 성격도, 부모의 성격과 관심사도 다른 책이 우리 아이에게 완전히 맞지 않는 것은 그런 의미에서 당연한 것이다.

그렇다면 우리가 해야 할 일은 무엇일까? 세상 밖의 많은 부모와 아이에게 돌렸던 관심을 우리 집 아이에게 돌리는 일이다. 영어를 다섯 살에 시작한 옆집 아이에게서 시선을 돌려 우리 아이가 왜 매일 아침 어린이집에 가기 싫어하는지에 관심을 가져야 한다. 옆집 아이와 책 속의 아이에게서 우리 아이에게로 시선을 돌려야 한다. 시선을 아이에게 돌리면 아이의 생각이 궁금해진다. 왜 어린이집에 가기 싫은지, 아이가 듣고 싶어 하는 말은 무엇인지, 아이를 행복하게 하는 일은 무엇이고 화나게 하는 것은 무엇인지, 궁금하면 아이에게 물어보게 된다.

부모가 궁금해서 물어보는데 화를 내는 아이는 없다. 함께 이야기하고 대화하다 보면 아이는 자신을 잘 표현하게 되고 부모와 신뢰가 쌓이게 되면서 마음이 안정된다. 이 과정을 거쳐 아이는 비로소 자신에 대해 관심을 가지고 공부든, 다른 무엇이든 해보려고 시도하게 된다.

모든 길은 로마로 통한다는 말이 있듯이 아이의 존재 자체에 관심을 갖는 것이 자기주도성과 긍정의 본질로 가는 첫걸음이다. 가정에서 부모와 관심과 대화로 신뢰가 쌓인 아이들은 사춘기에도 자기 자신의 내면의 소리를 듣는 데 집중하기 때문에 부모와 큰 갈등을 일으킬 가능성이 현저히 줄어들 것이다.

대화를 해야 하는 것은 잘 알고 있는데 막상 아이와 대화를 시도하려고 하면 참 어렵지요? 특히 사춘기가 가까워오면 아이들은 엄마가 "○○야" 하고 부르기만 해도 잔소리의 시작이라 여기기 쉽습니다. 그럼에도 포기할 수 없는 '대화'를 위한 첫걸음은 질문하기입니다. 가끔 아이가 기분 좋을 때, 지나가듯 흘리는 말 한 마디에 관심을 가지고 질문을 던져보세요. "엄마, 나는 학교에서는 참 착한 것 같아." 하고 지나가듯 이야기했을 때, "학교에서 착하다고 할 만한 일이 있었니?" 하고 슬쩍 물어보면 기분 좋게 이야기해줄 확률이 높답니다. "엄마에게 이야기해줘서 고마워. 힘든 일 있으면 엄마는 언제나 ○○이 편이야." 하고 아이에게 힘이 나는 말로 마무리해주면 다음 대화가 더 쉬워지겠지요.

3장

대화가
잘 통하는
부모

아이의 감정은
사라지지 않는다

집에 폭풍이 지나갔다. 잠들기 전 화장실에 들어간 동생에게 빨리 나오라고 고래고래 소리를 지르는 첫째에게 보다 못한 아빠가 벌컥 큰소리를 냈다. 평소 예민한 아이, 동생으로 인해 피해본다 생각하는 첫째의 성향 때문인지 동생에게 막대하는 경향이 있는 첫째에게 그날따라 아빠가 짜증과 화가 났던 것 같다. 아빠가 큰 소리를 내며 공격적인 언사를 하면 아이는 거북이가 된다. 눈물을 흘리며 자기 안으로 쑥 들어가 버린다. 거북이가 된 아이를 조심스럽게 밖으로 불러내 본다.

1. 시간을 두고 기다려주기

아이의 감정이 격해져 있기 때문에 시간이 필요하다. 이때 말을 걸거나 이야기를 시도하면 아이는 울음이 그치지 않은 채 이야기하게 되고 울음을 더 강화시키는 요인이 된다. 아이에게 다가가 아이를 안고 울음이 그칠 때까지 기다려주었다. 아이가 혼자라는 느낌이 들지 않도록 말없이 안아주거나 어깨를 토닥여주거나 손을 잡아주며 너의 울음이 그치기를 기다리고 있다는 무언의 신호를 보낸다. 하던 설거지를 멈추고 훌쩍이는 첫째에게 다가가 가만히 어깨를 감싸고 휴지를 주기도 하면서 기다려주었다.

2. 이유 물어보기

아이의 울음이 잦아들고 진정이 되면 "이제 이야기할 수 있겠어?" 하고 물어봐 준다. 아이가 고개를 끄덕이면 대화할 준비가 되었다는 신호다. 가장 먼저 물어봐야 할 것은 아이가 왜 그랬는지다.

"지오의 상황을 엄마가 봤어. 지오가 그렇게 행동한 데에는 이유가 있을 것 같은데 왜 그랬는지 이야기해줄 수 있을까?"

이때 "동생한테 그렇게 행동하다니 동생이 너무 무서웠을 것 같아…"와 같은 부모의 판단이 들어간 말은 진정시킨 아이의 감정을 악화시킬 수 있으므로 이야기의 초점을 대화하는 아이에게 맞춘다.

지오는 훌쩍이며 이야기한다.

"나도 잠도 오고 쉬도 많이 마려웠어. 문이 닫혀 있어서 큰 소리로 이야기했는데 아빠가 화냈어."

"그랬구나. 지오가 그런 이유가 있었구나. 지오가 이유 없이 그렇지는 않은데 엄마가 잘 알았어."

지오의 이유를 지지해준다.

3. 자세히 물어보기: 상황, 기분에 대해 질문하기

이유를 들었다면 아이에게 맞추어 조금 더 자세히 이야기를 풀어간다. 아이의 입장을 한 번 더 정리해서 이야기해준다. 아이가 이해받는다는 느낌을 받을 수 있다.

"그때 지오 마음이 많이 힘들었겠다. 쉬도 마려운데 아빠가 화내고 울고 있는데 아무도 와주지 않고… 억울하고 외롭기도 했겠다."

지오가 울어서 빨개진 슬픈 눈으로 고개를 끄덕인다. 아이가 어느 정도 위로받고 공감 받았으므로 질문을 통해 행동의 이면을 들여다본다.

"그런데 말이야, 엄마가 듣기에도 지오의 목소리가 큰 것만은 아니었던 것 같아. 혹시 큰 목소리에 지오의 불편한 마음이 섞여 있었을까?"

"내가 잠이 오고 쉬가 마려워서 짜증이 나고 화난 마음이

들어 있었던 것도 같아."

"그랬구나…. 충분히 그럴 수 있지. 지오의 입장이 충분히 이해가 간다. 그런데 화장실에서 듣고 있던 지한이의 마음은 어땠을까?"

"깜짝 놀라고 화도 나고 했을 것 같아."

"그렇지? 지오가 말한 그대로일 것 같아. 아빠가 소리쳐서 놀라고 무서운 지오처럼 지한이도 그랬을 거야. 지한이에게 누나는 아빠처럼 큰 존재니까."

말은 하지 않지만 살짝 고개를 끄덕이며 긍정의 신호를 준다. 그러면서도 "소리를 지른 것은 아니야" 하고 이야기한다.

"그래 맞아. 지오가 소리를 질렀다고는 생각하지 않아. 단지 오해가 생긴 거지. 지오도 오해를 받으면 엄청 기분 나빠하잖아."

"그래"

"왜 이런 오해가 생겼을까?"

"내가 소리를 너무 크게 냈던 것 같아."

"그래 큰소리에 지오의 불편한 감정도 실었기 때문에 받는 지한이나 아빠도 오해했던 것 같아."

"그럼 아빠는 어떤 마음이었을까?" 하고 물어보니 다시 고개를 쑥 넣고 들어가버린다. 아빠에게는 아직 서운함과 억울함이 있고 그 일로 화가 나 있다.

"아빠의 마음은 모르겠어." 동생의 마음은 이해가 가지만 아빠의 마음은 모를 수 있다.

"아빠를 한 번 불러서 이야기해보자."

"싫어. 무서워."

"엄마가 옆에 있어줄게."

4. 상대의 입장 헤아려보기

아이에게 소리를 지르고 자책과 후회의 그늘이 얼굴에 드리운 아빠가 소파 옆에 앉는다.

"아빠 혹시 지오에게 왜 그렇게 화가 났는지 이야기해줄 수 있나요?"

"지한이는 나가려고 하는데 배려 없이 무조건 자기 입장만 내세우면서 소리를 지르니 불편했어요. 그리고 지오에게 그 순간 너무 무섭게 한 것 같아 미안해요."

"그랬군요. 지오야 아빠가 미안하게 생각하고 있대." 듣고 있던 지오가 고개를 끄덕이다가 덧붙인다.

"응. 그런데 나 소리 지른 거 아니라고."

"그래 알아. 지오가 그렇게 이야기해서 알고 있어. 그런데 지오가 그렇게 이야기했을 때, 설거지하던 엄마, 지한이, 아빠

모두가 소리 지른 것으로 느꼈다면 무언가 잘못된 것이 아닐까?"

"음… 소리가 조금 컸던 것 같아."

"그래, 그럼 다음엔 이런 오해를 안 받기 위해 어떻게 노력하는 것이 좋을까?"

"소리를 좀 줄여야겠어."

"좋은 생각이다."

5. 내가 노력할 것, 부탁할 것

"혹시 같은 상황이 또 올 수도 있잖아. 그런 상황이 되지 않기 위해 아빠에게 부탁할 것 있을까?"

"아빠가 너무 소리 지르지 않고 말로 해주었으면 좋겠어요."

"아빠, 지오의 부탁을 들어줄 수 있나요?" 아빠가 고개를 끄덕인다.

"아빠가 노력하신대. 혹시 아빠가 부탁할 것 있나요?"

"상대편의 입장을 한 번 더 생각하고 말했으면 좋겠어."

지오가 받아들이기엔 너무 추상적이다.

"조금 더 자세히 말해줄 수 있나요?"

"무작정 큰소리로 동생을 무섭게 만들지 않으면 좋겠어."

"나는 아이라서 조절이 잘 안 돼."

"맞아, 지오야. 당연히 그렇지. 그런데 어른도 조절이 쉽지 않아. 지오는 10년쯤 가져왔던 습관이지만, 아빠는 30년쯤 가져왔던 습관이거든. 누가 더 고치기 힘들까?"

"아빠"

"맞아. 그렇지만 지오를 사랑하니까 아빠는 30년 된 습관을 고치려고 노력하실 거야. 지오도 노력했으면 좋겠어. 그러면 지오에게도 참 좋을 것 같아." 지오가 고개를 끄덕인다.

30분에 걸친 대화가 끝이 났다. 지오는 잠자리에서 마음이 슬플 때 혼자라는 느낌이 들었는데 엄마가 와주어서 좋았다고 한다. 잠들기 전까지 아빠와 어색했지만 자고나면 나아지겠지…. 마음에 둔 말없이 다 쏟아내었기를 바란다. 상황이 매번 이렇게 원활하게 진행되지는 않지만 오늘 따라 혼자 울고 있는 지오의 마음이 외롭고 힘들어보였다.

서운하고 외롭고 힘든 마음은 어디 가지 않는다. 지오가 더 자라 사춘기에 접어들면 "그때 왜 그랬어?" 하는 마음을 다른 방식으로 표현할 수 있다. 엄마의 말을 큰 소리로 부정하거나 말대꾸하거나 반대로 하는 등의 방식을 통해서 말이다.

아이의 감정은 사라지지 않는다. 단지 아직은 힘이 없어 묻어두는 것이다. 그 씨앗은 모이고 커져 자신도 모르는 사이

폭발하게 된다. 아이에게 물어봐주고 이야기를 들어주고 공감해주는 과정에서 씨앗은 사라진다. 이때 아이가 자신의 이야기를 많이 할 수 있도록 질문을 통해 아이가 말하도록 해야 한다. 말하다 보면 후련한 마음이 들고 공감 받은 기분을 느끼며 서운한 감정이 해소될 수 있다. 감정이 해소되면 사춘기의 휘몰아치는 감정도 씨앗이 없으니 더 커지지 않고 지나간다.

강둑을 호미로 막는 것이다. 호미로 막을 것을 덮어두면 나중에 온몸으로도 막을 수 없이 감당하기 힘들기 때문에 작은 일에 관심을 가지고 아이의 감정을 들여다봐야 한다. 잔뜩 움츠러든 거북이가 된 지오는 껍질 밖으로 나와 화낸 아빠의 마음, 동생의 마음, 자신의 잘못된 점까지 스스로 이야기했다.

울어서 빨개진 코로 잠든 지오를 보니 짠하기도 하지만 꿈속에서는 마음의 속상함을 털어버리고 훨훨 날고 있기를 빌어본다.

매번 이렇게 대화해야 하느냐고요? 사실 저도 매번 이렇게 대화하지는 못합니다. 그때그때 아이의 기분이나 컨디션이 다르기도 하고 부모의 질문 자체를 잔소리로 여기는 등 변수가 많기 때문이지요. 하지만 10번 중 한 번이라도 이렇게 대화하려 노력한다면 그 시도만으로도 의미 있다고 생각합니다. 아이에게 부모의 노력이 전달되기 때문입니다. 지오 아빠처럼 부모의 권위를 내려놓고 '미안하다'는 사과 메시지를 솔직히 표현할 때 아이의 마음이 열린다는 것도 기억하세요.

엄마의 화로부터
아이를 지키는 방법

　나른한 주말 오후, 소파에 누워 있는데 둘째가 다가왔다. 티격태격 웃으며 장난을 치다가 그만 지오가 소파에 아무렇게나 올려둔 영어 공책의 한 페이지가 찢어지는 대사건이 발생했다. 지오는 책을 볼 때도 책이 구겨지는 것을 싫어해 조심해서 보는 성격인데 공책의 한 페이지가 찢어졌으니 앞으로의 상황은 불을 보듯 뻔한 큰 사건이다. 지오는 눈에 눈물을 가득 담고 소리를 지르며 동생을 노려보았다. 폭풍처럼 흥분한 지오에게 공감이나 경청은 무용지물이었고 나도 점점 화가 나서 불쑥 내뱉었다.

　"그렇게나 소중한 물건을 왜 아무렇게나 놓아두었니? 소중한 물건이면 소중하게 대접해야지."

　이 말을 내뱉고 문득 우리가 소중하게 여겨야 할 것이 비단 물건뿐일까? 하는 생각이 들었다. 눈에 보이지는 않지만 우리의 마음도 이와 같지 않을까? 거절하지 못해, 싫은 소리 하지 못해 나의 마음에 누군가가 함부로 들어와서 상처를 주면 아파 혼자 끙끙 앓던 경험은 없었을까? 어렵지 않게 나를 지키지 못한 경험들을 찾을 수 있었다.

내가 마주하고 있는 소중한 아이에게 어른이라는 이유로 아무 생각 없이 상처를 준 경험은 없을까? 어른과 마찬가지로 아이들도 스스로를 지킬 수 있는 최소한의 단위인 울타리가 필요하다. 울타리를 만들어가는 과정에 있는 아이들은 스스로 울타리를 칠 수 없기 때문에 부모가 울타리를 만들어 아이들이 상처받지 않도록 보호해주어야 한다.

부모는 갈등 상황에서 아이의 경계를 넘기 쉽다. 감정에 휩쓸려 부모의 마음이 소용돌이치니 아이의 마음까지 돌볼 여유가 없기 때문이다. 나의 경우에도 직장에 모든 에너지를 쏟고 집에 돌아오면 에너지가 소진된 경우가 많기 때문에 집에서 감정의 기복이 심한 편이다. 매번 아이에게 버럭 화를 내고 뒷수습하며 자책하고 후회하는 일을 거듭하면서 어떻게 하면 아이의 존재를 인정하면서도 나의 감정을 전할 수 있을까? 고민하게 되었다. 아이의 존재를 인정하고 존중하는 것은 말처럼 쉽지 않았다.

어느 날 외출을 하는데 둘째가 아빠를 빤히 보다가 한마디 했다.

"아빠는 왜 엄마에게만 친절해?"

남편도 나도 그 순간 당황했다. 외출할 때 출발시간이 지연되는 행동을 첫째가 종종 한다. 계속 자기 할 일을 하다가 출발하려고 하면 화장실에 간다든지, 뒤늦게 마스크를 찾는다든지, 양말을 신는다든지 하는 식이다. 남편은 첫째의 패턴을 알고 있기에 그런 상황이 올 때마다 "지오는 꼭 나가려고 하면 저런다…" 하고 약간은 불편한 감정이 섞인 말을 내뱉는다. 그날따라 나가려고 하니 이것저것 생각나서 출발을 지연시키는 나에게 남편이 "오늘은 유독 잊고 있는 게 많네요" 하고 이야기했는데 말의 결이 다른 것을 두고 둘째가 정곡을 찔렀다.

듣고 보니 정말 그랬다. 왜 다를까? 곰곰이 생각해보니 같은 행동임에도 어른인 나에게는 함부로 말하지 못한다는 결론에 이르렀다. 그럼 첫째도 어른처럼 대하면 되지 않을까?

그 후 첫째를 남편이라 생각하고 말을 했다. 아이를 어른이라 생각하고 대하면 격한 말이 나올 상황에도 아이에게 크게 상처 입힐 만한 말이 나오지 않는다. 또한 아동심리전문가들이 말하는 칭찬의 기술도 자연스럽게 습득된다. 결과보다는 과정을 칭찬하라고 전문가들은 이야기하지만 일상에서 실천하기 쉽지 않다. 예를 들어 아이가 식사 시간에 준비를 도와주었다면 나도 모르게 "잘했어 지오야" 하고 결과를 칭찬하기 쉽다. 하지만 아이의 자리에 남편을 대입해보면 도움을 받았다고 "잘했어. 여보"라고 말하지 않을 것이다. 그보다는 "고마워. 여보"라고 대답할 것이다. 이 순간 아이에게도 "식사 준비를 도와줘서 고마워" 하고 말하는 것이 아이의 존재를 인정하고 과정을 칭찬하는 것이 된다. 이론으로 배울 때는 과정을 봐야 하는 칭찬이 쉽지 않아 보였지만, 아이가 어른이라 생각하면 어렵지 않게 과정을 칭찬할 수 있었다.

아이 눈높이로 이해하기

칭찬할 때도 훈육할 때도 아이의 존재를, 울타리를 지켜주는 것이 필요합니다. 아이를 어른처럼 대하는 것이 힘들다면 부탁하거나 내가 화가 났다 인지하는 상황에서만이라도 아이에게 존댓말을 써보면 좋겠습니다. 극존칭까지는 쓸 필요가 없지만 말끝에 '요' 자를 붙이는 것만으로도 감정을 조절하는 데 도움이 됩니다. 부모의 마음이 조절되면 벌컥 화를 내는 대신에 부드럽고 단호한 훈육이 이루어질 수 있습니다. 화내는 그 순간조차도 아이들을 소중히 여기고 존중해야 아이도 부모도 상처받지 않고 폭풍과 같은 상황을 지날 수 있습니다.

아이의 이야기를
잘 듣는 방법

"엄마, 학원 가기 싫어. 학원에 가면 스트레스를 너무 많이 받고 숙제도 너무 많아."

여름방학, 휴가 인파를 피하기 위해 월요일, 늦은 휴가를 종일 물놀이로 보내고 온 다음날 지오가 얼굴을 찡그리면서 말했다.

어제 학원을 빠지고 놀다온 여파일까? 학원을 하루 빠진 것이 습관이 된 것일까? 머릿속은 빠르게 돌아간다. 이미 지오가 "엄마, 학원 가기 싫어"라는 첫 소절을 이야기할 때 나의 온 마음은 지오가 아닌 나에게로 집중되어 있다. '학원에 가기 싫다고 하네. 어떻게 설득해서 다시 학원으로 발걸음을 돌리지? 어떤 논리로 꼼짝없이 학원에 보내지?' 머릿속 회로가 끊임없이 할 이야기를 생각해내느라 바빴다.

이런 장면을 어디선가 본 적이 있다. 학창 시절 친구들과 노래방에 가면 자주 볼 수 있는 상황이다. 노래방을 참 좋아해서 친구들을 만나면 자주 노래방에 갔었다. 일단 노래방에 들어가면 시간제로 운영되니 시간 내에 내가 생각한 노래들을 다 부르겠다는 일념으로 노래방 책을 뒤적이기 시작한다. 노래를 부르는 친구가 템포가 빠른 곡을 부르면 박수나 탬버린을 치기도 하고 노래가 끝나면 크게 호응하기도 하지만 눈은 노래방 책에 고정되어 있다. 듣고 있지만 듣고 있지 않은 것이다. 내 노래를 찾느라 바빠 상대방의 노래를 듣지 않는다. 그래서인지 노래방에서 나오면 내가 부른 곡들만 기억나고 친구가 부른 곡은 잘 기억나지 않았다.

지오와 이야기할 때 나도 그랬다. 지오는 노래를 부르고 나는 내가 부를 곡을 찾는 사람처럼 지오의 이야기를 들으면서도 듣고 있지 않았다. 학원에 가면 스트레스를 너무 많이 받고 숙제가 많다는 이야기는 나의 관심사 밖이고 학원을 가기 싫다는 말에 대한 나의 의견만 일방적으로 이야기한다. 많은 경우 나의 이야기 패턴이다. 경청과 공감이 중요하다는 것을 알고 있지만 흉내만 낸다. 이렇게 말이다.

"그래 지오야, 학원 가기 싫구나. 그런데 말이야…"

지오의 의견에 대한 영혼 없는 짧은 한 줄과 그런데 말이야 뒤에 나의 말이 주저리주저리 길게 달린다. 짧은 공감은 어쩌면 내 말을 하기 위한 일종의 추임새와 같다. 기계적이고 본능적으로 붙이는 말에 가깝다. 아이는 당연히 공감 받았다 여기지 않고 엄마의 잔소리가 시작되었다고 생각한다. 두세 마디쯤 듣다가 흥얼흥얼 맥락에 맞지 않는 노래를 부르거나 시선을 다른 곳으로 돌린다. 그 모습을 본 나는 마음이 불편해져 아이를 다그치기 시작한다.

이쯤 되면 악순환의 고리에 걸린다. 아이는 아이대로 엄마는 엄마대로 자신만의 이유로 섭섭하고 화가 나서 양보 없이 서로의 의견만 내세우게 된다. 결국 막장 드라마의 결말처럼 파국으로 치달아 험한 말을 하고 후회하는 상황이 온다. 물리적으로 아직 엄마 쪽 힘이 우세하므로 격한 말로 아이를 제압하지만 어딘가 찜찜하고 이러면 안 되는데 하는 후회와 죄책감이 밀려온다.

서로 기분 좋게 나의 의견을 전달하려면 어떻게 말해야 할까? 노래방에서 친구의 노래를 듣는 방법은 내가 들고 있던 노래방책을 내려놓는 것이다. 시선을 돌려 친구의 노래에 나의 관심과 마음을 맞추는 것이다. 다시 지오의 이야기로 돌아가보자. 지오가 학원에 가기 싫다고 말했을 때, 본능적으로 학원을 보내야 하는 이유를 생각하려는 나를 알아차리고 멈춘다. 그리고 지오에게 다시 초점을 맞춘다.

"지오야 학원 가기 싫구나. 스트레스를 받는다는데 어떤 스트레스인지 이야기해줄 수 있어?"

"숙제가 너무 많아."

"숙제가 많구나. 지오가 하루에 다 하기 힘든 양이구나. 매일 그러니? 오늘만 그러니?"

"원래는 매일 해갔는데 오늘은 너무 피곤해서 숙제를 하기가 힘들어. 숙제를 안 해가면 스티커랑 상점을 못 받는데 그것도 싫고, 숙제를 안 해가면 안 한 숙제 위에 또 숙제가 쌓여서 더 힘들어져."

"그랬구나. 매일 잘 해갔는데 어제 물놀이로 피곤해서 지오가 다 못했는데 숙제가 쌓인다니 막막했네. 그럼 오늘만 엄마가 학원 선생님께 말씀드려 학원 빼줄까?"

"좋아"

"내일은 그럼 전처럼 갈 수 있는 거지?"

"응"

"다음엔 무작정 가기 싫다고 말하기보다 오늘은~ 하고 이야기해주면 엄마가 더 듣기 좋을 것 같아."

"알았어."

내 안에 떠오르는 생각스위치를 잠시 꺼버려고 아이에게 초점을 맞추면 의식하지 않아도 저절로 궁금한 것이 떠오르고 아이의 이야기에 따른 반응을 하게 된다. 지오는 엄마가 이야기를 들어주고 질문해주면 엄마가 나의 이야기를 관심 있게 듣고 있다고 생각한다. 이 과정이 바로 경청과 공감이다.

상담학에서 공감에 비유되는 은유적 표현이 있는데 바로 '그 사람의 신발을 신고 그 사람의 세계로 들어가는 것'이다. 나의 신발을 벗어두고 아이의 신발을 신고 아이의 세계로 들어가면 아이를 진심으로 이해하게 되는데, 이 과정이 공감이다.

주의할 것이 있다면 아이와 엄마 서로가 부정적 에너지가 최고조일 때는 대화가 잘 되지 않는다는 것입니다. 교실에서도 두 아이가 싸워 감정이 격해졌을 때는 어떤 말도 들리지 않습니다. 그때는 마음을 가라앉히고 한 시간 수업이 끝난 후 쉬는 시간이나 방과 후에 남아서 이야기를 하면 그동안 마음을 진정시키고 나의 행동에 대해 생각해볼 수 있는 시간을 가질 수 있었습니다.

이때 아이의 이야기를 듣고 말로 표현하게 하면 대부분의 갈등이 잘 해결되었습니다. 집에서도 감정이 격해지면 잠깐이라도 시간과 공간을 분리해 감정을 식히고 이야기하는 것을 권합니다. 엄마도 사람이기에 감정이 격해지면 마음과 달리 강한 말이 나갈 수 있기 때문입니다. "지오야, 엄마가 지금 화가 많이 나서 지오 이야기를 듣기가 좀 힘들어. 마음이 가라앉으면 다시 이야기하자." 하고 양해를 구하면 좋겠습니다.

아이의 이야기를 잘 듣는 법은 의외로 간단합니다. 아이의 이야기를 들으며 내가 하고 싶은 말을 내려놓는 것, 아이의 눈을 보고 나의 눈과 귀를 오롯이 말하는 아이에게 집중하는 것입니다.

사랑의 매는
없다

어제 새벽, 12호 태풍 오마이스가 울산을 관통했다. 늦은 휴가를 마치고 물놀이의 피곤함으로 일찍 잠들었던 나는 오래된 아파트의 한밤중 덜컹거리는 창틀 소리와 번쩍이는 번개 소리, 세차게 창틀을 두드리는 비바람 소리에 잠에서 깨었다. 베란다에서 내려다본 바깥 풍경은 외투를 벗기려는 성난 바람과 외투를 지키려는 나그네의 피 말리는 싸움 현장 같았다. 밤새 뒤척이다 새벽에 일어나 운동을 나갔다. 길에는 어젯밤 태풍의 흔적이 고스란히 남아 있었다. 산책로와 통행로는 떨어진 낙엽으로 어지러웠고, 호수는 누런 흙탕물로 어젯밤의 사투를 말해주고 있었다.

바람과 해의 대결에서 승자는 결국 해다. 바람은 모든 것을 파괴할 정도로 강력하지만 끝내 나그네의 외투는 벗기지 못했다. 물론 태풍이 강력한 힘으로 나그네의 외투를 찢어버 릴 수 있지만, 그것은 말 그대로 찢어진 것일 뿐, 옷을 벗긴 것 은 아니다. 그러므로 바람은 결국 패자다.

많은 어른들은 아이가 말을 듣지 않는다고 생각하면 바 람처럼 아이에게 바른 것을 가르치려고 한다. 나 역시 20세기 학생이었고 자녀였기에 기성세대에게서 받은 잠재적 가치관 에서 자유롭지 못했다. 20세기에는 가정에서도, 집에서도 사랑 의 매가 용인되던 시대였다. 우리 부모님도 선생님 면담을 가 면 "말을 안 들으면 때려서라도 바로잡아주세요"하고 말씀하 시는 것을 듣고 자랐다. 그 시대는 선생님도, 부모님도, 나도 어쩌면 바람의 교육이 진리라 생각했을지도 모른다. 어쨌든 부모님이 용인했으므로 학생인 나는 사랑의 매를 묵묵히 견뎌 야 했다. 내가 직간접적으로 경험한 매에는 사랑의 매도, 감정 이 담긴 매도 있었다.

자라오면서 강력한 훈육만큼 단시간에 아이들을 변화시 키는 도구를 본 일이 없다. 그래서 강한 훈육이 필요한 아이를 만나면 사랑의 매를 드는 것이 당연하다고 생각했는지도 모르 겠다. 나도 초임교사 시절에는 당연한 듯 매를 들었다. 매를 손 에 쥔 일은 다섯 손가락 안에 들었지만 아직도 기억이 생생한 것을 보면 맞는 아이뿐 아니라 때리는 나에게도 충격적이고 상처였던 기억이었기 때문일 것이다. 가끔 초등학교 동창회에 가면 친구들은 호랑이처럼 무서웠던 그때 그 선생님을 추억삼아 이야기하곤 한다.

"그때 그 선생님이 그래도 우리에 대한 애정이 있었어….요즘 아이들도 그때 우리들처럼 맞아야 해…." 하는 말을 안주처럼 곁들이면서 말이다.

하지만 그것은 지금에 와서야 알 수 있는 것이다. 그때 그 선생님만큼 성장한 내가 선생님을 돌아봤을 때 이해가 되며 '사랑이었지….' 하고 느낄 수 있는 것이다. 그때의 나는 순종적이어서 맞을 일이 크게 없었는데도 폭풍 전야의 공포와 숨막힘이 생생하다. 그때 그 호랑이 선생님이 매 대신 햇빛처럼 따스하고 다정하게 말했다면 아이였던 그때의 내가, 성인이 된 지금의 내가 알아듣지 못했을까?

한 번의 복용으로 병이 낫는 약은 없다. 그런 약이 있다면 간이나 다른 장기의 손상을 담보로 증상만 제거한 것일 뿐이다. 아이들을 가르치는 것도 그러하다. 한 번에 이야기해서 바로 효과가 나타나는 가르침은 없다. 한 번에 바로 효과가 나타난다면 그것은 아이들의 자율성이나 비판적 사고 등 그 시기 아이들이 배워야 할 무언가를 저당 잡힌 비정상적인 가르침이다. 학교에서도 집에서도 아이들이 안전하고 평화로웠으면 좋겠다. 그 속에서 나에 대해 충분히 고민하고 판단하고 좌충우돌하며 어른이 되어가는 과정이 있는 아이들로 자랐으면 좋겠다.

　아이들과 함께하는 나는 바람이 아니라 해이고 싶다. 아이들이 외투를 고이 벗어 팔에 걸치고 웃으며 산책하도록 하는 해, 굳이 마음 내어 하늘을 올려다보지 않으면 그 존재를 드러내지 않지만 아이들의 성장에 없어서는 안 될 존재인 해이고 싶다.

아이는 부모 감정의
쓰레기통이 아니다

태풍이 지나간 다음 날, 호수공원으로 아침 운동을 나갔다. 태풍과 폭우가 지나간 흔적이 역력한 풍경들 사이로 호수가 보였다. 겉으로 보기에 언제 그랬냐는 듯 잔잔한 흐름을 보였지만, 많이 불어난 물과 황토 빛으로 변한 물의 빛깔이 어제의 치열했던 상황을 말해주는 듯했다.

아마도 호수는 어젯밤 많이 힘들었으리라…. 몰아치는 바람과 쏟아지는 폭우에 호수의 바닥이 뒤집혔을 테고 호수는 안에 살고 있는 많은 생명체를 온몸으로 안고 있었으리라…. 운동을 하다가 호수 가장자리에 다다랐다. 삶의 큰 시련을 온몸으로 이겨낸 호수의 흔적이 바로 그곳에 있었다. 호수의 가장자리, 물이 얕고 물의 흐름에서도 벗어난 그곳 가장자리에 오물이 가득했다. 떨어진 나뭇잎과 크고 작은 막대들, 어디에서 흘러왔는지 모를 병과 쓰레기들이 물살을 이기지 못하고 가장자리로 떠밀려와 있었다. 호수 가장자리는 물살이 약하다. 오물들을 흘려보내지 못하고 가만히 엎드려 정체되어 있었다. 저 쓰레기가 다 치워지려면 얼마나 걸릴까?

호수는 내 존재를 지키기 위해 오로지 나에게 관심을 쏟아야 했을 것이다. 맞닥뜨린 여러 시련의 무게를 안간힘을 다해 버티려 애쓸 때 가장자리에 쓰레기가 쌓이는지 여부는 관심 밖이다. 호수의 가장 약한 가장자리, 그곳에 아이들이 있다. 부모가 자신의 숙제에 집중해 다른 곳에 시선을 둘 수 없을 때, 나의 힘듦으로도 마음이 가득 차 주변을 돌아볼 여유가 없을 때 호수의 가장자리 그늘진 곳은 호수이나 호수가 아니다.

심리학 용어 중에 '감정의 쓰레기통'이라는 말이 있다. 나의 감정의 쓰레기를 누군가에게 일방적으로 쏟아내듯 해소하는 상대방을 지칭한다. 보통 가족 내에서는 가장 힘이 약한 사람이 감정의 쓰레기통 역할을 하는 경우가 많다. 인간은 본능적으로 감정을 해소하지 않으면 내가 죽을 것 같은 위기감이 든다. 살기 위해 한강에서 맞은 뺨의 분노를 누군가에게 쏟아낸다. '누군가'가 아이가 되는 경우가 더러 있다. 아이는 힘이 없다. 호수 가장자리처럼 부모의 쓰레기를 온몸으로 받아내야 한다.

호수 가장자리의 쓰레기는 두 가지 방법으로 치울 수 있다.

첫 번째, 서서히 호수의 중심이 자리를 잡아가면서 가장자리 쪽으로 향하던 물살의 방향이 조금씩 바뀌어 쓰레기를 다른 곳으로 분산시키는 방법이다. 부모가 감정의 쓰레기통을 알아차리고 마음을 추스르며 성장하는 경우이다.

두 번째, 사람들이 인위적으로 걷어내 주는 것이다. 호수의 자정작용이 작동하지 않을 때 호수 가장자리의 물이 썩지 않도록 사람들이 걷어내 준다. 부모의 자정작용이 작동하지 않을 때 정신과 진료나 상담 등 전문가의 도움으로 아이의 상처를 들여다보는 방법이다. 이러한 방법으로 아이를 돌보지 않으면 가장자리의 물은 썩게 된다. 가장자리부터 썩기 시작해 호수 중심까지 서서히 썩게 되어 죽은 호수가 되는 것이다.

감정의 쓰레기통인 아이에게도 한계가 있다. 정서적 학대에 가까운 부모의 감정 쓰레기를 받아내면서 아이의 감정도 과부하가 된다. 이때 아이는 역방향으로 부모에게 분노를 쏟아낼 수 없다. 자연스럽게 아이는 자신의 감정 쓰레기를 받아줄 쓰레기통을 찾게 된다. 보통 나보다 힘이 약한 동생, 혹은 어린이집이나 유치원, 학교 등 생활하는 공간에서 가장 약한 아이가 될 가능성이 높다. 어쩌면 연일 신문에 나고 있는 따돌림 문제나 잔인한 학교폭력의 면면들은 풀 곳 없는 감정의 쓰레기통을 찾는 아이들의 분노에 찬 몸짓일지도 모르겠다.

쓰레기통은 돌고돌아 아이가 성인이 되고 부모가 노인이 되면 다시 부모에게 되돌아간다. 노인학대나 노인폭력 등 사회적 문제로 대두되고 있는 이러한 문제와 원인을 거꾸로 되짚어가다 보면 아이의 어린 시절과 연결되는 경우가 있다. 8년간 존속살해 무기수와 서신을 주고받으며 그의 이야기를 책으로 엮은 박순 작가의《심리전기와 상담_존속살해 무기수의 이야기 심리학적 심리전기》라는 책에서 똑똑하고 성실하고 마음여린 주인공이 성장과정에서 부모의 감정 쓰레기통 역할을 하며 무너지고 급기야 부모를 살해하는 지경에 이르는 과정이 잘 나타나 있다. 이는 우리가 언론을 통해 종종 접하는 패륜범죄와 많은 부분 닮아있다.

우주의 법칙은 공평하고 내가 쏟아부은 쓰레기는 돌고 돌아 다시 나에게 돌아온다. 나 역시 화가 나면 별것 아닌 일에 아이에게 벌컥 화를 내곤 한다. 부모도 인간이기에 아이에게 완전무결한 환경을 제공해줄 수 없다. 하지만 나도 모르는 사이 아이를 내 감정의 희생양으로 만들고 있지는 않은지 깊이 고민해봐야 한다. 아이는 내 감정의 쓰레기통이 아니다.

아이 눈높이로 이해하기

나만의 스트레스 해소법이 있나요? 부모가 건강해야 아이도 건강합니다. 나를 아끼고 돌볼 줄 아는 마음 건강한 부모가 아이를 아끼고 그런 부모 밑에서 자란 아이가 스스로를 아낄 줄 압니다. 아이에게 향해 있는 시선을 나에게 돌려 나만의 스트레스 해소법을 찾아보는 건 어떨까요.

삶의 주도권은
아이에게 있다

　몇 해 전 가을, 다섯 살 둘째의 어린이집에서 주최한 가족 마라톤대회에 참여했다. 햇살 좋고 약간은 서늘한 가을 공기가 운동하기 딱 좋은 날씨였다. 며칠 전부터 둘째는 마라톤대회를 마치고 가족에게 줄 메달을 만들어놓았다며 설레어했다. 매주 토요일에 있는 첫째의 과학 수업도 빠지고 우리 가족은 마라톤대회에 참여하기로 의견을 모았다.

　동네 호수공원을 한 바퀴 도는 것이 마라톤 코스였는데, 작년 이맘때 어른의 빠른 걸음으로 20분 정도 소요되는 이 호수공원을 한 바퀴 산책했을 때, 아이들이 힘들어하던 모습이 떠올라 이번 대회에서는 큰 욕심 부리지 않고 산책하듯 천천히 한 바퀴 완주하는 것에 의의를 두어야…. 하는 가벼운 마음으로 대회에 참가하였다.

그런데 생각지 못한 반전이 일어났다. 대회 시작하자마자 둘째가 쏜살같이 달려 나가는 것이 아닌가? 공원 초입까지만 하더라도 나는 곧 둘째를 만날 줄 알았다. 그러나 어느 순간 둘째의 뒷모습은 보이지 않았고 초조해진 나는 둘째를 만나기 위해 뛰기 시작했다. 그런데 아무리 뛰어도 둘째는 보이지 않았다. 기진맥진한 내가 어린이집에서 잠시 마련한 중간 쉼터에 도착했을 때, 그곳에서 의기양양하게 앉아 있던 둘째를 만날 수 있었다. 마음 같아서는 한 시간쯤 쉬고 싶었던 짧은 휴식 시간을 마치고 다시 코스를 달리기 시작한 후에도 역시나 나는 결승선까지 둘째의 뒷모습을 보며 따라가느라 코스 내내 전력을 다해 뛰어야 했다.

가을 햇살을 받으며 아이와 나란히 여유롭게 산책하듯 달리는 아름다운 나의 상상은 완전히 빗나갔다. 그날 마라톤 대회는 고등학교 체력장 이후로 오랜만에 숨이 차게 전 코스를 달렸던 날로 기억되었다. 결승선에 들어갈 때까지 나는 둘째와 나란히 뛰지 못했다. 쉬는 시간을 포함한 30분가량 아이의 뒤통수를 보며 따라가기에도 벅찼다.

불과 몇 년 전까지만 해도 나의 보살핌과 도움 없이는 밥 먹는 것도, 씻는 것도, 심지어 산책하는 것조차 혼자서는 하지 못했던 아이가 어느새 자라서 엄마보다 더 잘하는 것이 생겼다! 적어도 달리기에서만큼은 엄마인 나의 배려나 도움 없이 온전히 자신의 역량만으로 엄마보다 더 잘 할 수 있게 된 것이다.

"이제는 엄마가 모든 것을 돌봐주지 않아도, 엄마보다 잘하는 것이 점점 더 많이 생기겠구나!"

법륜스님의 책《엄마수업》에서는 아이가 만 세 살이 넘어가면 서서히 독립을 시키고, 그 과정을 거쳐 대학교에 진학할 때쯤 몸도 마음도 완전히 떠나보내야 한다고 말하고 있다. 책을 읽으면서 공감이 갔던 대목이고, 내가 너무 아이를 과잉보호하고 있는 것이 아닌가 하는 생각이 들 때마다 떠오르던 구절이기는 했는데, 이렇게나 생생하고 직접적으로 나에게 깨달음을 줄 줄은 그것도 다섯 살이 된 둘째를 대상으로 할 줄은 몰랐다.

그날 이후로 아이들이 나보다 잘하는 것들이 하나둘 늘어나기 시작했다. 엄마보다 만들기를 잘하고 그림을 잘 그리는 첫째, 엄마보다 운동을 잘하는 둘째, 엄마보다 곤충에 대해 많이 알고 있는 첫째….

이제 아이들은 온전히 나의 도움과 양육과 배려가 필요한 존재가 아니라 엄마보다 잘하는 무언가를 계속 찾아가고 발전시켜 나갈 수 있는 존재인 것이다. 나보다 잘 하는 것이 생기는 이 시기를 기점으로 아이들은 내가 돌봐야 하는 존재가 아니라 응원하고 격려하고 지켜봐야 할 존재로서 대해야겠다는 생각이 들었다.

아이가 변하면 엄마의 역할도 변해야 하지 않을까. 아이가 직면한 과제에 우월한 어른으로서 지나치게 개입하지 않고, 아이를 믿고 격려해줄 수 있는 엄마, 자신만의 영역을 가진 아이를 존중하며 독립된 인격체로 대하는 엄마, 그런 아이의 독립을 기쁜 마음으로 지켜보며 아이에게 삶의 주도권을 줄 수 있는 엄마가 되고 싶다. 그런 교사가 되고 싶다.

사랑해 양파와
짜증나 양파 실험

천 냥 빚을 갚을 수도 있고 누군가를 낭떠러지 밑으로 떨어지게 할 수도 있는 그것은 바로 말이다. 말에는 그만큼의 에너지가 담겨 있다. 매년 아이들과 양파 실험을 하곤 한다. 똑같은 양파를 물이 담긴 컵에 두고 한 양파에게는 '사랑해' 등 긍정적인 말을, 다른 한 양파에게는 '짜증나'와 같은 부정적인 말을 한다. 이 실험을 하면 아이들은 처음에 장난처럼 다가와서 양파에게 말을 하기도 하고 짜증나 양파에게 욕을 퍼붓기도 한다.

이 실험을 하면 공통적으로 칭찬의 말을 쑥스러워해서 잘 하지 않는다. 아이들은 사랑해 양파보다 짜증나 양파에 더 많은 활동을 한다. 장난이든 그렇지 않든 짜증나 양파는 아이들의 욕받이가 되는데 약 2주가 지난 시점부터 양파의 겉모습이 서서히 바뀌기 시작한다. 특히 짜증나 양파는 한 달 정도 지나면 처참할 정도로 썩은 모습이 된다. 실험을 하는 나도, 아이들도 흠칫 놀라게 되고 짜증나 양파에게 죄책감을 느낄 정도다. 말의 에너지를 눈으로 보여주는 이 실험을 하고 나면 왠지 말을 함부로 하면 안 될 것 같은 깨달음을 얻곤 한다.

마음이 끝도 없이 나락으로 떨어지던 때가 있었다. 나는 항상 외로웠다. 상담을 공부하며 나의 기본 정서가 외로움이라는 것을 알았지만 삶이 어디 그리 간단한가? 나는 계속 외로움 언저리에서 공회전하고 있었다. 내가 외로운 것을 알겠는데 마음이 채워지지 않았던 날들이 계속되었고 그럴수록 나의 외로움의 그늘을 밝은 빛으로 없애줄 누군가를 간절히 원했다. 누군가를 만나면 무섭게 집착하는 상황이 계속되었다. 당연히 누군가는 나에게 고개를 절래절래 흔들며 뒷걸음질 치다가 떠나갔다. 왜 나는 안 되는 걸까? 같은 패턴으로 여러 번 상처를 입은 나는 이제 무엇을 해도 안 될 것 같은 무기력감과 마음속 배터리가 방전되는 느낌, 그리고 이대로 있다가는 죽을 것 같은 공포를 느꼈다.

살기 위해 지푸라기라도 잡는 심정으로 주말에 진행되는 2박 3일 집단상담에 참여했다. 마지막 날 서로에게 피드백을 주는 순간이 왔다. 누군가가 나에게 말했다.

"진숙님은 안에 큰 힘이 있는 것 같아요. 그 힘이 느껴져요."

힘내라는 말도, 이해한다는 말도 아니었다. 나는 이 말을 듣는 순간 한줄기 섬광이 비치는 것을 느꼈다. 내게 힘이 있다고? 내게 힘이 있다… 힘이 있다… 그 말을 되뇌고 보니 정말 그런 것 같았다. 나는 내가 힘이 있다고 생각한 근거들을 떠올리기 시작했다. 녹록치 않은 성장환경에서 누가 잡아주지 않아도 크게 삐뚤어지지 않고 스스로를 일으켜 지금까지 온 일, 대학 실패에도 불구하고 실망한 나를 일으켜 결국 원하던 교사가 된 일, 죽을 것처럼 힘든 일을 겪은 지금도 나를 일으켜 울산에서 4시간도 넘게 운전하여 지리산 자락에 위치한 집단상담 장소로 찾아온 일 등 내가 힘이 있다는 증거는 차고 넘침이 있었다.

그날 나는 '나에게 힘이 있다'는 말을 내 마음의 방에 고이 간직해두었다. 지치고 힘들 때마다 간직한 말을 꺼내어 나는 힘이 있는 사람이라는 것을 되뇌게 되었다. 그렇게 나를 다독이고 나면 어디선가 힘이 나 다시 일상을 살아갈 수 있게 되었다.

누군가에게 힘을 주는 말은 흔한 격려나 칭찬은 아니다. '영혼 없는 칭찬'은 말하는 사람도, 듣는 사람도 쉽게 알아차릴 수 있는 껍데기만 있는 말이다. 말에 영혼을 불어넣어야 말이 그 사람에게 닿는다. 말에 영혼을 불어넣으려면 그 사람에게 깊은 관심을 가져야 한다. 그 사람은 어떻게 지내왔는지, 무엇 때문에 힘들어하는지, 언제 웃고 언제 우는지 관심을 가지고 들여다보면 그 사람이 듣고 싶은 말을 찾을 수 있다. 오랜 시간 관심을 두고 찾은 말을 그 사람이 필요할 때 해주어야 한다.

관심과 세심함이 섞인 말은 그 사람의 마음을 울리고 마음속 별이 되어 간직된다. 별과 같은 말은 그 사람의 숨겨진 모습일 수도, 원하는 모습일 수도 있다. 진위 여부는 중요하지 않다. 마음속 별을 계속 꺼내어보고 되뇌는 과정에서 그 사람은 별을 닮아갈 것이기 때문이다. 그런 말을 찾기가 쉽지 않기 때문에 살면서 들은 수천, 수만 가지 말 중에 마음속에 담는 말은 다섯 손가락 안에 드는 것이다.

아이들과 생활하고 있는 나도 아이들 마음에 별을 달아주는 교사이고 싶다. 힘들 때 꺼내볼 수 있는 별과 같은 말이 아이들 마음 어딘가에 있다면 피할 수 없는 시련도 당당히 마주해볼 수 있을 것이다. 우리 아이들은 무슨 이야기를 듣고 싶을까? 일상 속 별을 찾는 마음으로 오늘 하루를 열어본다.

아이 눈높이로 이해하기

아이에게 별을 달아줄 수 있는 가장 가까운 사람은 바로 부모님입니다. 우리 아이가 '이 순간' 가장 듣고 싶은 말은 무엇일까? 오늘 아이에게 따뜻한 관심과 세심한 관찰로 아이의 마음에 반짝이는 별을 달아주는 것은 어떨까요.

진심이 아이의 마음을 움직인다

'진심'은 사람의 마음을 움직인다. 사람을 대하는 직업을 가진 사람들은 자신의 진심을 어떻게 상대에게 표현할 것인가 고심한다. 가령 보험에서 큰 실적을 이룬 사람들을 보면 수첩에 빈공간이 없다. 고객들의 이름과 사소한 정보들부터 크고 작은 경조사나 기념일까지 챙긴다. 고객에게 마음과 정성을 다한다는 것을 행동으로 보여준다. 그들은 고객에게 어떻게 나의 진심을 전달할 것인가에 대한 자신만의 노하우를 가지고 있다. 전문직의 대명사인 의사들도 다르지 않다. 사람의 목숨을 살리는 의사들의 실력도 중요하지만 환자들은 실력만큼이나 의사의 세심함, 환자를 위한 배려에 감동과 신뢰를 보낸다.

얼마 전 종영한 드라마 〈슬기로운 의사생활〉에서 5명의 의사들이 보여준 탁월한 실력과 그에 못지않은 환자에 대한 진심은 사람들을 TV 앞으로 이끈 요인 중 하나였다. 실제로 드라마와 관련한 댓글을 살펴보면 이러한 의사들에 대한 강력한 염원은 있지만, 이는 드라마 속에서나 상상해볼 수 있는 '판타지'라는 의견이 많았다. 실력과 진심을 겸비한 의사가 많지 않다는 의미이기도 하지만, 그러한 의사가 어디엔가는 존재한다는 희망의 반증이기도 하다.

2학기에 접어든 학급에서는 소소함이라는 이름의 크고 작은 갈등이 많이 생긴다. 이러한 갈등이 잦다면 그것은 아이들이 이제 서로 편해졌다는 신호다. 새 학년을 맞은 낯섦은 일주일, 새 교실에 대한 적응은 한 달, 일상이 익숙해지고 교사와 학급 구성원이 서로 마음을 터놓고 편하게 생활하는 것은 대략 한 학기 정도이다. 정도의 차이는 있겠지만 방향은 이렇게 흘러간다. 2학기도 한 달이 지나가는 요즘 연타로 아이들의 갈등이 수면 위로 올랐다.

특히 이성에 관심이 많은 아이들 사이에서는 'ㅇㅇ이와 △△가 사귄다'는 스포부터 근원지를 알 수 없는 루머까지 연예가 뉴스를 방불케하는 설들이 난무한다. 문제는 점심시간에 우현이가 실명으로 그것을 보드판에 크게 적어서 들고 각반 교실과 복도를 낄낄거리며 돌아다닌 것에 있었다. 점심을 먹고 올라오니 우리 반 남학생 2명이 옆반 선생님께 지도를 받고 있었다. 지난 주말에 갈등을 조정했던 우현이가 또 지도를 받고 있는 것을 보니 마음이 불편해졌다.

불편한 마음을 안고 교실로 들어갔다. 점심시간이 막 끝난 교실은 어수선했다. 종이 쳤지만 아이들의 이야기와 장난은 아랑곳없이 계속되었고 나의 불편감은 수위를 높여갔다. 예전의 나라면 소리를 빽 질렀을 법한 상황이었지만 대신 학급회의를 열었다.

"오늘 점심을 먹고 바쁘게 올라왔는데 우리 반 아이 2명이 옆반 선생님께 혼나고 있는 것을 봤어. ○○이와 △△가 사귄다는 문구가 적힌 보드판을 들고 옆반 복도를 돌고 해당하는 아이를 옆반 교실에 밀어 넣는 장난을 친 것을 두고 옆반 선생님은 학교폭력과 명예훼손을 걱정하시며 지도하셨어. 하지만 나는 그보다 먼저 속상한 마음이 들었어. 성우와 우현이가 나쁜 마음으로 그러지는 않았을 것이라는 것을 나는 잘 알아. 교실에서 많이 보아왔고 그런 아이들이 아니란 것을 알기 때문이야. 교실에서 너희는 나의 자식이나 다름이 없으니 나는 너희들 한 명 한 명을 이해할 수 있어. 하지만 다른 사람들은 너희의 지금 이 행동만을 가지고 평가해. 너희의 행동이 너희의 인격을 판단하는 도구로 쓰인다는 의미야. 선생님은 너희들이 그러한 아이로 오해받고 지도받는 것이 속상해. 왠지 내가 지도를 잘못한 것 같은 반성도 되고. 선생님 생각은 이런데 함께 생활하는 너희들 생각은 어떠니?"

아이들은 '허락받지 않은 장난에 대해 불편하고 상처받을 것 같다', '수치스러울 것 같다' 등 의견을 들려주었다. 그리고 앞으로 우리 반에 필요한 규칙으로 실명을 거론한 장난을 칠 때 친구의 허락을 받고 할 것과 싫은 장난에 '하지 마'라고 단호하게 이야기할 것을 규칙으로 설정했다. 학급회의를 거치며 아이들은 스스로 이야기하고 결론을 내렸다.

학급회의를 통해 나는 아이들에게 잔소리 대신 나의 진심을 전하는 방식을 택했다. 다른 선생님께 혼나는 아이들을 바라보는 담임선생님의 마음이 우리 아이가 다른 엄마에게 꾸중을 들을 때 드는 엄마의 마음과 다르지 않음을, 이전에 나의 지도가 적절하지 않을 수 있었음을, 학급의 일원으로서 속상한 마음을 말로 표현했다. 쌓인 경력이 자랑할 만한 것은 못되지만 이런 경우 잔소리보다 나의 마음을 표현하는 것이 아이들의 마음을 움직인다는 것을 경험치로 알고 있는 그 순간만큼은 꺼내어 볼 수 있는 경험이 있다는 사실이 참 다행스럽다.

아이들은 교사가 진심을 전해야 마음을 열어 자신의 진심도 꺼내어놓는다. 그 순간의 학급회의가 진지해지고 회의를 통해 만들어진 규칙에 숨을 불어넣은 것이 진심의 힘이라고

믿는다. 진심이 있고 그것을 표현할 용기가 있다면 아이들의
마음은 자동문처럼 스르르 열릴 것이다.

아이 눈높이로 이해하기

많은 경우 어른들은 아이들에게 솔직하지 못합니다. 저녁시간, 엄마는
드라마를 보며 아이들에게는 숙제하라고 이야기합니다. 그 순간, 아이
가 불만을 표하면 '엄마가 말하는데 토를 단다'며 권위를 내세우거나 '엄
마가 보는 TV는 공부야' 하고 합리화하기도 합니다. 아이들은 그 순간에
부모가 내세우는 주장에 대한 불합리성을 알고 있지만 몇 번 부딪히고
나면 대적하기를 피합니다. 아직은 엄마의 상대가 되지 않는다는 것을
잘 알고 있거든요.

아이에게 불합리함을 인정하고 '미안해' 하고 사과하는 것을 두려워하
지 마세요. 부모가 먼저 인정하고 사과하는 모습을 보고 자란 아이들은
마음에 남은 감정이 없답니다. 그 모습을 보고 자란 아이들은 또한 자신
의 잘못을 인정하고 사과하는 것에 거부감이 없고 이는 아이의 건강한
사회성의 밑거름이 됩니다.

입이 없는 키티 인형이
인기 있는 이유

얼마 전 옆반 선생님이 아이들의 생활지도에 관해 물어보셨다. 나는 자세히 설명드려야 한다는 마음에 두서없이 말씀을 드렸는데 이것저것 설명하다 보니 시간이 꽤 지났나보다. 열심히 말하는 와중에 '이제 그만'이라는 무언의 메시지를 받았다. 무안하기도 하고 그 순간 '내가 왜 이리 말이 많지?' 하고 돌아보게 되었다.

10년쯤 전에 고등학교 동창을 만난 적이 있다. 같은 반 친구였는데 내가 고등학생 때 꽤 친하게 지내던 A와 연락을 하고 지낸다고 했다. 안부를 전해달라고 했더니 그 친구가 대뜸 A가 학창시절의 나를 '말 많고 남자 밝히는 아이'라고 기억한다고 했다. 정작 나는 그 시절 내가 말 많고 남자를 밝힌다고 생각지 않았는데 다른 사람의 기억 속에 그런 한 줄로 기억되었다니 부끄럽기도 하고 충격적이었다.

　　나는 정말 그랬을까? 그러고 보니 대학생 시절 알게 된 누군가도 심지어 남동생도 나를 수다스럽다고 했던 것을 들은 기억이 떠오른다. 가만히 나를 돌아본다. 나는 말하기를 좋아하는 것 같다. 말을 하면 스트레스가 풀리는 기분이 든다. 왜 말을 하지 않으면 안 되었을까?

　　어린 시절, 아무도 나의 말을 듣고 싶어 하지 않았기 때문에 나는 말하고 싶어도 말할 수 없었다. 하고 싶은 말이 마음에 쌓이는 느낌이 들자 이대로 죽겠다 싶었다. 나는 죽고 싶기도 했고 죽고 싶지 않기도 했다. 죽지 않기 위해 내가 선택한 슬픔 해소 방법은 3가지였다.

　　우선 '말하기'이다. 실없는 이야기이든 일상의 수다이든 나는 계속 말하고 싶었다. 누군가가 나의 이야기를 들어주면 그 순간만큼은 깊은 고민도 잊혀지는 것 같았다. 겨울왕국의 수다쟁이 올라프처럼…. 친구에게도 말하고 특히 나의 힘든 가정사정을 이야기하기도 했다. 그러한 주제는 친구들이 귀담아 듣는다고 생각했기 때문이다. 친구가 부담스럽다고 느끼면 선생님께도 말했다. 나의 가정사정에 대해 말하면 대부분 궁금해하고 이야기를 들어주기에 그 기저에 진심이 있든 동정심이 있든 가리지 않았다. 지금 돌아본 그때의 나는 몹시도 살고 싶었나보다.

두 번째로 항상 짝사랑의 대상을 만들었다. 삶이 재미가 없었다. 학교에서도 집에서도 재미가 없어서 내 스스로 재미를 만들었다. 아마 초등학교 1학년 들어서부터 짝사랑의 대상이 있었던 것 같다. 등교해서 그 아이를 흘깃 훔쳐보기도 하고 어쩌다 눈길이 마주치면 괜히 나 혼자 설레기도 했다. 중학생 시절에는 용감하게도 그 아이의 전화번호를 알아내서 자주 전화도 하며 진상 아닌 진상도 부렸다. 그 아이가 얼마나 불편할지 여부는 안중에도 없었다. 지푸라기라도 잡는 심정이 그런 것일까? 막상 교제하거나 마음을 나눈 일은 없었지만 짝사랑의 대상이 없었던 적은 거의 없었다. 그렇게 나는 내 삶에 위로를 주고 싶었는지도 모르겠다.

세 번째는 슬픈 노래를 즐겨 듣는 것이었다. 슬픈 노래에 푹 빠져 반복해 듣고 노래 가사를 노트에 적어보기도 하고 따라 부르기도 했다. 슬픈 노래를 들으면 그 순간에 편안함을 느끼고 위로를 받았다. 노래를 들으며 나의 슬픈 감정을 한껏 끌어올려 청승을 떨다가 그 슬픈 감정을 그대로 노래에 실려 흘려보내고 나면 조금 후련한 마음이 들었다. 그래서 그 시절 내가 좋아한 노래는 거의 슬픈 발라드 노래이거나 시련의 아픔을 표현한 노래가 많다.

게이트키퍼(자살예방교육 프로그램) 교육에서 제시하는 사람의 생명을 살리기 위한 3단계가 있다. 보고·듣고·말하기이다. 순차적으로 이루어지는 3단계 중 첫 단계인 '보기'는 자살 위험에 놓인 아이들을 자세히 보고 그 징후를 알아차리는 것이고, 두 번째가 아이의 힘든 마음을 묻고 들어주는 것이다. 들어주는 것만으로도 힘든 아이의 마음은 후련해지고 잊고 있던 삶의 의미를 찾아 주는 삶의 원동력이 되기도 한다. 대부분의 힘든 마음은 2단계인 듣기 단계에서 아이가 충분히 말하고 나면 해소된다. 아이의 상처가 너무 깊어 '듣기'의 범위를 넘어서면 '말하기' 단계에서 전문적인 도움을 연결한다.

자살 예방이라는 극단적 주제의 간결한 단계지만 보고 들어주는 것만으로도 아이의 구멍 난 마음을 치유할 수 있다는 사실은 본질에 가깝다. 그 시절 나 역시 누구라도 내 이야기를 들어줄 게이트키퍼가 필요했던 것 같다. 입은 없고 귀만 있는 '키티(kitty)' 인형이 사람들에게 인기 있는 이유는 여러 가지가 있겠지만 그중 하나가 말하지 않고 귀를 열어 무조건 너의 이야기를 들어준다는 무언의 메시지라고 한다. 마음이 힘든 누군가뿐 아니라 일상을 살아가는 많은 사람들이 나의 이야기를 들어줄 누군가를 필요로 하고 있다는 반증이 아닌가 한다. 가정에서 힘들어하는 아이들에게, 교실에서 도움이 필요한 아이들에게 귀를 열어 이야기를 잘 들어주는 어른이 되고 싶다.

아이 눈높이로 이해하기

경청 훈련의 기초 단계는 '무조건 듣기'입니다. 상대방의 말을 들으며 자연스럽게 떠오르는 내 생각이나 질문을 흘려보내고 상대방의 이야기를 듣기만 합니다. 많은 경우 아이들은 '충고'보다는 '들어주기'를 원합니다. 나의 궁금증으로 아이의 이야기를 끊지 않고 온전히 들어주는 부모가 되어보는 건 어떨까요.

실패의 두려움은
넘어져 본 사람만이 넘을 수 있다

코로나19 사태로 미루어졌던 등교 개학을 한 지 3주가 지났다. 개학을 시작할 때의 걱정과 낯설음을 뒤로하고 어느새 교실은 아이들의 목소리로 가득 찬 활기찬 곳이 되었다. 매일 마스크를 신체의 일부처럼 착용해야 하고, 쉬는 시간에도 사회적 거리를 두어야 하기는 하지만 온라인 개학 기간에 고립감을 경험한 아이들은 친구들과 한 공간에 있다는 것만으로도 행복해한다. 개학 후 2주를 넘어서면서 낯설음은 익숙함으로 바뀌고 어색함 속에 숨겨져 있던 아이들의 역동이 수면 위로 올라오기 시작한다.

학년 초기 아이들의 갈등은 오해에서 비롯된 작은 원인에서 시작되는 경우가 대부분이지만, 아이들의 이야기를 조금 더 깊이 들어보면 갈등 이면에 미처 해소되지 못한 감정들이 자리하고 있는 경우가 많다. 가깝게는 이전 학년부터 멀게는 2~3년 전, 저학년이었던 시간까지 거슬러 올라간다. 대부분의 경우 아이들은 교사가 갈등을 중재하는 과정에서 상대방의 이야기를 경청하고 서로를 이해하게 되면서 자발적이고 평화적인 방법으로 갈등을 해결한다.

하지만 이러한 과정을 거쳐도 아이들의 마음이 열리지 않기도 하는데 이는 학생의 갈등에 부모가 관여하는 경우이다. 내 아이의 이야기를 듣고 아이의 심리적 좌절에 격분한 나머지 상대편 아이에게 전화를 걸어 일방적인 훈계나 꾸중을 하는 경우가 일반적이다. 이때 전화를 받은 아이는 친구와의 오해에서 비롯된 단순한 감정에 화난 어른에게서 느껴지는 공포감, 나의 이야기나 상황은 고려되지 않는 억울함이 더해져 더 큰 상처를 받게 된다. 그리고 그러한 감정을 마음속에 꽁꽁 묻어두었다가 고학년에 접어들어 힘이 생기면 작은 일에도 이해하기 힘든 폭언이나 과격한 행동 등 다소 폭력적인 방식으로 표출하기도 한다.

이런 경우, 교사가 중재를 시도하더라도 이미 상처를 받은 채 오랜 시간이 지난 아이의 마음이 굳게 닫혀있어 학교에서 서로 인사조차 하지 않게 되는 경우가 종종 있다. 옆에서 지켜보는 교사의 마음도 안타깝지만, 아이의 감정이나 마음까지 교사가 관여할 수 없기에 시간이 흐르면서 자연스럽게 마음이 풀리기를 기다릴 뿐이다.

아이가 걸음마를 할 때 부모의 관심과 사랑이 필요하듯, 학령기 아이는 심리발달 측면에서 부모의 관심이 더욱 필요하다. 친구와 갈등으로 심리적 좌절을 겪은 아이가 부모의 관심과 격려 속에 스스로 털고 일어서게 되면, 비로소 넘어진 시련의 크기만큼 단단해진다. 그러한 경험을 거듭하며 아이는 뜨거운 여름을 겪은 나무가 나이테를 만들듯 나와 다른 친구들을 이해하고 더불어 지낼 수 있는 성숙한 사회성을 발달시키는 것이다.

그런데 부모가 좌절한 아이의 감정에 몰입해 상대 아이를 비난하고 아이를 나의 품으로 더욱 끌어안는다면 아이는 당장에는 안정감을 느끼겠지만, 제때 걷는 법을 배우지 못해 부모에게 업히기만 하는 아이처럼 다른 사람과 더불어 지내는 법, 나와 다른 친구와의 갈등을 지혜롭게 해결하는 법, 나를 돌아보는 법을 익힐 기회를 갖지 못한 채로 성장하게 된다.

아이들은 성인이 되면 피할 수 없는 시련의 순간들을 만나게 된다. 그럴 때마다 아이를 지탱시켜 주고 다시 일으킬 수 있는 힘은 '넘어져본 경험'에서 비롯된다.《하버드 새벽 4시 반》의 저자 웨이슈잉은 '인생이라는 바다에서 상처 없이 온전한 배는 없으며, 우리가 해야 할 일은 자신감을 잃지 않는 것'이라 하였다. 자신감은 실패를 경험해본 사람이 얻을 수 있는 선물과 같다. 넘어져 본 적이 없는 사람은 실패에 대한 두려움을 넘어서지 못한다.

노자는 《도덕경》에서 네 종류의 리더를 언급했다. 가장 하위 수준의 리더인 아랫사람에게 업신여김 받는 리더부터 아랫사람이 두려워하는 리더, 아랫사람에게 존경받고 칭찬받는 리더, 존재 정도만 아는 리더가 그것이다. 주목할 부분은 노자가 아랫사람에게 존경받는 리더보다 '존재 정도만 아는 리더'를 더 우위에 두었고, 이 유형을 최고의 리더 자리에 두었다는 것이다.

부모와 리더는 차이점이 있지만 아이들을 더 좋은 성장으로 이끈다는 측면에서 리더의 역할도 일정 부분 필요하다고 생각한다. 아이들이 적절한 좌절을 경험하며 넘어질 때 뒤에서 지켜봐주고 힘이 되어주는 든든한 존재, 아이의 독립성을 존중하지만 언제라도 아이의 손이 닿을 수 있는 거리를 유지하며 아이를 격려해주는 부모의 존재는 심리적 걸음마를 시작한 아이가 좌절을 극복하고 건강한 사회성을 가진 민주시민이 되는 데 결정적이고 필수적인 조건이다.

4장

완성형 아이와
과정형 아이

내가 꿈꾸는
학급

아이들이 너무나 좋아하는 운동기구인 트램폴린. 학창 시절 이 운동기구만 있으면 몇 시간을 너끈히 놀 수 있었다. 학교 앞 방방이 아저씨가 30분에 500원을 받고 기구를 사용할 수 있게 해주었던 기억이 난다. 그 시절 트램폴린을 타면 내 몸이 날아올라 하늘까지 닿을 수도 있겠다는 생각이 들었다. 트램폴린의 매력은 트램폴린을 탈 때만큼은 무아지경의 상태로 트램폴린에게만 집중할 수 있었던 것이다. 한참을 놀다 트램폴린에서 내려오면 다리가 휘청 꺾이고 땅이 솟아오른다는 착각이 들 정도였으니 말이다.

트램폴린을 탈 때, 내 마음을 온전히 하늘에만 집중할 수 있었던 이유는 바로 내 행동반경보다 넓은 트램폴린의 울타리가 존재하기 때문이다. 내가 어디로 뛰든, 심지어 실수로 튕겨

나가거나 떨어진다 해도 울타리 안에서 일어나는 일이니 안심하고 하늘로 뛰어오를 수 있었다. 울타리가 너무 좁거나 트램펄린이 나이에 맞지 않는 유아용이라면 좁은 반경으로 인해 뛸 수조차 없었을 테고 시시해서 시도할 마음조차 들지 않았을 것이다. 내 행동반경에 딱 맞거나 다소 넉넉한 울타리를 가진 트램펄린을 만나면 비로소 하늘 높이 뛰어올라 보겠다는 마음이 들었다.

학급 운영도 트램펄린의 이치와 잘 맞다는 생각이 든다. 트램펄린의 규격은 교과를, 학생이 높이 뛰어오르는 행위를 학습에 비유한다면 트램펄린의 울타리를 치는 것은 생활지도에 비유할 수 있다. 울타리가 무한히 넓으면 아이들이 좋아할 것 같지만, 경험에 비추어 볼 때 그렇지만은 않았다. 오히려 아이들은 적절한 울타리 내에서 안정감을 느낀다. 울타리가 존재한다는 믿음, 그리고 그 울타리 안의 공간이 안전하며 이 공간에서는 나의 실수조차 인정해 준다는 믿음을 가지면 비로소 아이들은 안심하고 하늘을 향해 뛰어오를 준비를 한다.

매슬로우는 인간의 욕구에 위계가 있다고 하였다. 생리적 욕구-안전의 욕구-사랑과 소속에 대한 욕구-자아실현 욕구가 그것이다.

매슬로우의 욕구 위계설

가장 하위 욕구에 속하는 배고픔과 같은 생리적 욕구가 채워져야 비로소 안전에 대한 욕구가 생기며 하위 욕구가 충족되면 상위 단계의 욕구에 눈을 뜬다. 마치 컵에 물을 따르는 것과 같아서 컵의 아래쪽부터 물이 차곡차곡 쌓이지 않으면 물 잔을 채울 수 없는 원리이다. 물론 여러 가지 욕구를 한꺼번에 채우기도 하지만 생존의 욕구나 안전의 욕구와 같은 하위 욕구일수록 생존에 가까워지므로 결핍이 큰 영향력을 발휘한다.

학급에서도 아이들의 안전의 욕구와 소속의 욕구가 채워지지 않는다면 상위 욕구에 해당하는 자아실현의 욕구, 즉 무언가를 학습하고 성장하려는 욕구는 생기지 않는다. 학급에서 학급 구성원이 안정감 있게 서로를 지지하고 격려하는 학급이 되어야 비로소 아이들이 공부할 준비가 되는 것이다. 교실에 들어왔을 때 마음이 불편한 친구가 있다거나 남학생의 경우 힘의 서열이 너무 강해서 나의 서열을 방어하거나 높이는 데 마음을 빼앗긴다면 당연히 상위 욕구인 배움에 대한 욕구는 저 멀리 가버릴 것이다. 아이들이 마음 편하게 뛰어오를 수 있는 견고한 생활지도의 울타리를 만드는 것이 내가 꿈꾸는 학급의 모습이다.

생활지도로 학급의 울타리를 견고하게 세우되 내실 있는 교과 지도를 통해 하늘로 향하는 지붕은 열어두는 반, 바로 내가 꿈꾸는 반이다. 이상과 현실은 차이가 있다지만 이상을 마음에 두고 매 순간 노력하다 보면 언젠가 내가 꿈꾸는 학급이 현실이 되어 있지 않을까 하는 기대를 가져본다.

생활지도의
새로운 패러다임

'죄는 미워하되, 사람은 미워하지 말라'는 격언이 있다. 사람이 잘못을 저질렀을 때, 행동을 문제 삼아 비난하더라도 사람은 행동과 분리해 사람 자체를 미워하지 말라는 말이다. 부적절한 행동을 한 사람일지라도 본성은 선하다는 전제가 깔려 있는, 사람에 대한 따뜻한 시선을 느낄 수 있는 말이다.

현대를 사는 우리는 사람에 대한 긍정적이고 따뜻한 시선을 가지고 있지는 않은 것 같다. 우리가 즐겨 보는 드라마나 영화는 주로 '권선징악'의 주제를 다루며 선한 사람은 복을 받고 악인은 벌을 받는다. 드라마 속 악인은 그야말로 피도 눈물도 없는 존재로 그려지며 마지막에 그들이 가혹한 응징을 받을 때는 카타르시스마저 느껴진다. 그러나 과연 이러한 권선징악의 메시지가 사람들로 하여금 악한 일을 멀리하는 계몽 효과가 있을지는 의문이다. 시간이 갈수록 범죄의 형태는 더 잔인해지고, 폭력의 연령대는 더 낮아져 초등학생까지 학교폭력의 이름으로 폭력이 행해지고 있는 상황이다. 이러한 상황에서 그동안의 생활교육을 돌아보고 더 나은 방향을 모색해야 할 필요가 있다.

그동안 교실에서는 권선징악의 논리로 생활지도를 해왔다. 교실에서 갈등이 발생하면 갈등의 당사자를 불러 피해자와 가해자로 나눈 후 가해자를 처벌하거나 훈육해왔다. 이러한 생활지도 방식을 '응보적 생활지도'라고 한다. 이러한 과정에서 가해자는 이미 죄값을 치루었다 생각하므로 피해자에 대한 죄의식을 느끼지 않으며, 심지어 자신의 부적절한 행동과 관계없는 체벌을 경험하는 과정에서 자신의 행동은 잊고 체벌에 대한 억울함이나 분노가 생겨나 오히려 피해자에 대한 감정이 악화되기도 한다. 이는 피해자에 대한 2차 가해의 원인으로 작용하기도 한다. 이러한 응보적 생활지도는 갈등상황에서 피해자와 가해자를 나누고 체벌하면 되므로 절차가 간단하고 체벌의 공포로 인해 일시적으로 학생들의 부정적 행동이 줄어든 것처럼 보인다. 그러나 응보적 생활지도를 경험한 학생들은 교사나 부모의 눈을 피해 더욱 내밀하고 조직적으로 자신의 부정적 감정을 표출하는 경우가 많다.

그렇다면 앞으로 우리가 지향해야 할 교실은 어떤 모습이어야 할까? 응보적 정의에 대한 대안으로 '회복적 생활지도'를 제안하고자 한다. 회복적 생활지도는 그릇된 행동으로 인해 깨진 안전하고 평화로운 공동체를 회복시키는 것에 집중한다. 회복적 생활지도가 응보적 생활지도와 가장 크게 다른 점은 갈등을 보는 관점에 있다. 응보적 생활지도에서의 갈등은 있어서는 안 되며 빨리 처리해야 할 부정적인 관점으로 보는 반면, 회복적 생활지도에서의 갈등은 학급 구성원들이 모두 '성장할 수 있는 기회'의 관점으로 본다.

이는 다양한 성장배경과 성격적 특성을 가진 아이들이 생활하는 학급에서 필연적으로 발생하는 갈등에 수시로 직면해야 하는 교육구성원의 심적 부담을 덜어줄 수 있다. 회복적 생활교육은 갈등 해결 과정의 초점이 오롯이 피해자에게 맞추어진다. 가해 학생은 나의 행동이 피해 학생에게 어떤 영향을 끼치는지 직면하게 되며 그로 인해 발생한 피해를 어떻게 바로잡을지 스스로 생각하게 된다. 이 과정에서 피해자는 온전한 사과를 받고 가해자도 자신의 행동을 돌아보고 진심으로 반성하게 된다.

다소 자기중심적이고 작은 분노에도 폭력적인 양상을 보이던 백호는 교사가 아무리 역지사지를 들어가며 피해 학생의 입장을 설명해도 그 속상함을 이해하지 못했다. 단지 교사의 잔소리를 피하기 위해 영혼 없이 사과하는 '척' 했을 뿐이었다. 어느 날 백호가 기분이 나쁘다는 이유로 수업 준비를 하고 있는 신영이 뒤통수를 세게 후려치는 대사건이 발생했다. 문제 해결을 위해 반 전체가 회복적 생활교육의 대표 형태인 공동체 서클을 열었다. 서클이 끝나갈 때쯤, 놀랍게도 백호가 눈물을 흘렸고, 피해를 준 신영이의 마음이 풀릴 때까지 사과하겠노라고 진심을 담아 이야기했다. 이는 회복적 생활교육이 지닌 가능성과 잠재적 에너지를 알 수 있었던 사례 중 하나이다.

맹자는 인간은 선한 본성을 가지고 태어난다고 하였다. 나쁜 상황에 휘둘리는 인간이 있을 뿐, 인간은 자신의 그릇된 행동이 미치는 영향을 알게 되면 그 행동에 책임을 지고 반성할 줄 아는 존재라는 의미이다. 현대는 혼밥, 혼술의 유행으로 대표되는 개인화가 만연한 시대이다. 이런 시대에 서로의 마음을 연결하고 존재에 대한 공감과 이해를 통해 저마다의 내재된 선함을 찾을 수 있는 기회를 마련해 주는 것이 학교가 학생들에게 줄 수 있는 선물이다. 회복적 생활교육을 통해 아이들이 선한 웃음과 열린 마음으로 친구를 대하고, 공동체를 소중히 여기며 친구를 향한 공감과 신뢰로운 마음을 가질 수 있기를 기대해본다.

회복적 생활교육을
만나다

교사로 발령받고 2년 차가 되던 해 상담을 접하게 되었다. 아이들을 이해하고 싶어 상담을 시작했는데 상담을 공부하며 신기하게도 나를 이해하게 되었다. 자연스럽게 아이들에 대한 이해의 폭도 넓어졌다. 특히 집단 상담이 아이들에게 긍정적 역할을 할 것 같아 아이들과 이런저런 시도를 해보았지만 전문적 상담 영역을 생활지도의 영역으로 가져오는 것이 쉬운 일은 아니었다.

우연한 기회에 선배 교사의 권유로 회복적 생활교육을 접하게 되었다. 구성원이 둥글게 둘러앉은 집단 상담 형태로 진행되는 회복적 생활교육의 방식과 패러다임이 교직 생활을 하면서 막연히 필요하다 느꼈던 그것이라는 생각이 들었다. 회복적 생활지도를 학급 운영에 접목해야겠다고 결심한 나는 시중에 나와 있는 관련 도서를 통해 기본 철학을 이해하게 되었다. 그러나 책으로 배운 회복적 생활교육을 학교 현장에 적용하기에는 망설임과 두려움이 컸기에 학사 일정이 시작되면서 바쁘다는 평계로 실천하는 것을 한없이 뒤로 미루게 되었다.

그러던 차에 마침 울산광역시 교육청에서 주관하는 회복적 생활교육 연수가 있어 2주간 주말을 반납하고 연수를 들었다. 연수를 통해 이론과 실천의 괴리가 좁혀지고 학급에서 회복적 생활교육의 실천 가능성에 대해 고민할 무렵 학급에 갈등 상황이 발생했다. 갈등을 해결하는 과정에서 아이들에게 의미 없는 잔소리나 일방적 훈화보다는 아이들이 갈등 해결의 주체가 되는 회복적 생활교육을 실천해 보기로 마음먹고 공동체 서클을 진행하게 되었다.

교실에 넓게 원을 만들고 마스크를 쓰고 손 소독을 한 후 서클을 시작했다. 비록 코로나 상황으로 인해 거리두기를 하며 진행해야 하는 어려움이 있었지만 걱정했던 것과는 달리 아이들은 규칙을 잘 지키면서 활동에 참여하였다. 마음 열기 활동에서 친구들과 소통하기도 하고, 텔레파시 게임을 통해 서로 마음이 통하면 깔깔 웃기도 하면서 오랜만에 교실이 아이들의 활기와 웃음으로 가득 찼다.

마음 열기 활동이 끝나고 토킹스틱의 소개를 위해 '벌새의 물 한 모금'에 관한 이야기를 들려주었다. 어느 큰 산에 불이 났는데 모든 동물들이 불을 피해 자신이 나고 자랐던, 사랑했던 숲을 버리고 대피했다. 그런데 벌새 한 마리가 저수지에서 털에 물을 묻히고 입에 물을 머금은 후 불이 난 숲속으로 날아가 머금은 물로 불을 끄는 행동을 반복했다. "여러분이 숲속 동물이라면 이 벌새에게 무어라고 말했을까요?" 하고 물어보니 '위험해', '너 그러다 죽는다', '니가 그런다고 불이 꺼질 것 같아?' 등등 다양한 대답들이 나왔다.

몇 번의 질문을 거친 후 벌새의 생각을 말해주었다. 벌새는 "나도 내가 불을 끌 수 없다는 것을 알아. 하지만 나는 내가 사랑했던 숲을 위해 내가 할 수 있는 일을 할 뿐이야."라고 이야기했다. 이어 "선생님도 여러분이 사랑하는 우리 반에 힘든 일이나 어려운 일이 닥쳤을 때 내가 할 수 있는 일을 하는 벌새와 같은 친구들이 되기를 바라는 마음으로 벌새의 물 한모금과 닮은 토킹스틱을 가져왔어요."라는 말과 함께 아이들은 공동체 서클로 초대되었고, 그렇게 아이들과의 첫 서클이 진행되었다.

'토킹스틱을 가진 사람만 말한다', '다른 사람의 이야기를 경청한다', '서클이 끝까지 유지되도록 중간에 자리를 뜨지 않는다', '서클에서 나온 이야기는 비밀이 보장되어야 한다'는 규칙을 바탕으로 시작된 서클로 인해 아이들은 서로를 알아가고 서로의 이야기에 귀기울이며 자신의 의견을 자유롭게 이야기할 수 있는 평등하고 안전한 공간을 만들어 가는 첫걸음을 뗐다.

아이들은 놀랍게도 서클을 통해 깊이 생각하고 그 생각을 나누면서 내가 아이들에게 하고 싶었던 말들을 스스로 했다. '친구에게 말을 조심해야겠다' 또는 '○○에게 안마를 좀 살살 해야겠다', '아직 많이 어색할 △△에게 지속적으로 관심을 가져야겠다' 등등 자신의 성찰에서 비롯된 '내가 할 수 있는 일들'이 아이들의 입에서 쏟아져 나왔다.

나 또한 참가자의 일원으로서 아이들과 같은 질문을 묻고 답하는 과정에서 아이들과 마음의 거리가 좀 더 가까워진 느낌이었다. 서클을 통해 아이들 스스로 학급의 갈등을 잘 해결해냄으로써 자신감과 자부심을 느낄 수 있었으며, 그로 인해 아이들 스스로 한 뼘 성장한 모습이었다.

연수 중 한 선생님이 했던 말이 생각난다. 학급에서 생활하는 아이들이 한 공간에 있다고 해서 유대감과 공동체 의식이 저절로 생겨나는 것은 아니다. 한 학급이 가족과 같이 안전하고 학급 구성원들이 유대감을 가지고 서로를 이해하고 배려하려면 그만큼의 '마주함'이 필요하다. 자기중심성이 강한 아이들이 모인 학급에서 '우리'를 강조하는 회복적 생활교육이 아이들로 하여금 공동체를 배우고 배려를 실천하는 건강한 아이들로 거듭나는 마중물이 되기를 바란다. 아이들이 다음 서클에서는 어떤 작은 변화를 보여줄지 기대된다.

공동체 서클의
기적

빨강이가 교실 앞 벤치 위에 놓아두고 깜빡 잊은 사이 띠부띠부씰이 든 스크랩북이 감쪽같이 사라졌다. 다음 날, 슬픈 눈으로 스크랩북을 잃어버렸다고 이야기하는 빨강이를 보며 '그러게 잘 관리하지…' 하는 말이 목구멍까지 차올랐지만 차마 말하지 못했다. 집 거실에 놓아두듯 아무렇게나 놓아둔 고가의 띠부띠부씰이 들어 있는 스크랩북은 없는 마음도 생기게 한다. 학급에서 지도하기 가장 어려운 부분 중 하나가 바로 도난사건이다. 사후 지도는 할 수 있지만 잃어버린 돈이나 물건을 찾기가 쉽지 않기 때문이다. 그래도 지도를 안 할 수는 없다.

고민 끝에 공동체 서클을 열었다. 빨강이의 사라진 스크랩북을 공론화하고 빨강이의 속상함을 위로해주는 것으로 주제를 정했다. 고학년 교실의 도난사건 특성상 스크랩북을 찾기는 어려울 것 같아 대신 상심한 빨강이에게 집중하려 마음먹었다.

물건을 잃어버린 후 이틀이 지났다. 빨강이는 서클 안에서 담담하게 자신의 이야기를 들려주었다. 빨강이가 띠부띠부씰을 구하기 위해 한여름 뙤약볕 아래 몇 시간이나 줄을 서서 기다린 이야기, 스크랩북을 모으기 위해 6개월 넘게 공들인 이야기를 들으며 나도 아이들도 빨강이의 스크랩북이 생각했던 것보다 빨강이에게 큰 의미였다는 것을 알게 되었다. 빨강이는 허무하고 허탈하고 속상한 자신의 기분을 가감 없이 이야기했다.

아이들은 빨강이의 이야기를 듣고 진심으로 안타까워했다. 서클을 통해 대부분 '얼른 찾았으면 좋겠다' '정말 속상하겠다'와 같은 바람과 위로와 공감의 마음을 전했다.

'선생님과 친구들이 어떻게 도와주면 좋을까요?'라는 질문으로 서클을 운영할 때 반전이 생겼다.

"집에 제가 모으는 띠부띠부씰과 겹치는 몇 개가 있는데 빨강이에게 줄게요."

파랑이의 말을 기점으로 몇몇 아이들이 같은 의견을 냈다. 모든 것을 잃은 빨강이에게 다시 시작할 수 있는 기반이 생겼다. 서클을 기획하면서 미처 생각지 못한 방안이다.

역시 답은 아이들에게 있구나. 아이들은 언제나 내가 생각한 것 이상을 해낸다.

서클이 잘 끝나고 교실에 있을 확률이 높은, 빨강이의 띠부띠부씰을 가져갔을 아이에게도 이야기를 전하고 싶었다. "선생님도 어릴 적에 도둑질 한 적이 있어." 초등학교 3학년 때, 작은 실수로 도둑질 한 이야기, 그로 인해 아직도 마음에 남아 있다는 이야기, 도둑질도 실수이니 되돌려놓을 수 있는 기회가 있다는 이야기를 했다. 이야기가 끝나자 너도나도 무언가를 의도치 않게 훔치거나 거짓말을 했던 경험을 털어놓았다.

'너도 그런 적이 있었어?' 하고 서로를 알아가는 시간이 되었고, 그래서는 안 되는 도둑질이 그럴 수 있고 되돌릴 수 있는 실수로 받아들여지게 되었다.

이곳은 교실이고 실수할 수 있다. 실수를 바로잡고 실수를 통해 더욱 성장할 수 있다. 그것이 교실의 존재 이유이다. 이기기 어려운 유혹에 넘어가 빨강이의 물건에 손을 댄 그 아이의 마음에 조금쯤 균열이 생기기를 바랐다. 하지만 물건이 없어진 후 이미 이틀이 지났기 때문에 내가 할 수 있는 역할을 거기까지라고 생각했다. 마음이 움직이더라도 '나의 잘못'이 드러나는 큰 리스크를 안고 물건을 빨강이에게 돌려주기 어려울 것이라는 판단이 들었다. 공동체 서클이 무사히 끝났고 안도의 마음이 들었다.

그런데 예기치 못한 두 번째 기적이 일어났다. 쉬는 시간, 까망이가 숨을 헐떡이며 달려와서 말했다. "선생님, 빨강이의 띠부띠부씰을 찾았어요!" 믿을 수 없는 일이었다. 까망이의 말로는 1층 분실물센터에 빨강이와 함께 가서 찾았다고 했다. 띠부띠부씰은 2/3 정도 남아 있었다.

기적이라 할 만하다. 서클을 통해 빨강이가 위로받고 친구들의 도움을 약속받은 그 순간이 첫 번째 기적이었고, 서로 마음을 열고 대화하는 과정에서 무언가가 실수한 아이의 마음을 움직여 분실물센터에서 띠부띠부씰을 찾게 만든 것이 두 번째 기적이었다. 서클이 아니었다면 이루어낼 수 없는 기적이다.

아이들의 마음은 선하다는 믿음이 바탕이 되는 곳, 서클에 참여해 진심으로 누군가를 걱정하는 곳, 나의 실수가 실수로서 인정될 수 있는 곳, 스스로의 잘못을 직면하고 바로잡을 수 있는 기회를 맞이할 수 있는 곳이 바로 서클이라는 것을 아이들과의 경험으로 알게 되었다.

교사가 보는
홈스쿨링

"내 친구 이야기인데, 아이를 학교에 안 보내고 홈스쿨링 할 예정이래."

둘째 유치원 엄마 모임에 갔다가 홈스쿨링에 대한 이야기를 들었다. 사실 홈스쿨링은 나와는 거리가 멀다 생각했다. 공교육과 사교육으로 퇴근시간을 근근히 채우고 있는 워킹맘에게는 이상에 가깝다. 그런데 시대가 바뀌고 코로나가 일상을 덮치면서 홈스쿨링이 성큼 일상으로 들어온 느낌이다.

홈스쿨링의 좋은 점은 단연 아이 개인에 맞춘 맞춤형 교육이 가능하다는 점이다. 엄마가 아이를 세심하게 살피고 아이의 이해도에 맞추어 진도를 조절할 수 있다는 점이 최고의 장점이다. 학교에서는 30명 가까운 아이들 한 명 한 명에 맞추어 수업을 하기가 현실적으로 힘이 든다. 그러다 보니 수업의

난이도는 '중'에 맞추어져 있다. '하'에 해당하는 몇몇 학생은 설명을 끝내고 남은 시간 교실에서, 혹은 방과 후 희망에 따른 보충수업이 이루어진다.

'상'의 이해도에 속하는 아이들도 40분 수업 중 할애할 시간이 많지 않다. 하지만 홈스쿨링은 아이의 이해도에 딱 맞춘 수업이 가능하다. 또한 같은 이유로 아이의 창의성과 개성이 극대화된다. 여러 규칙이 있는 학교에서는 아이의 욕구를 어느 정도 자제해야 하지만, 홈스쿨링은 학습 내용이나 시간, 학습 방법 등에 융통성을 발휘할 수 있으므로 맞춤형 교육이 가능하다.

그럼에도 불구하고 나는 학교에서의 교육, 특히 초등 교육은 아직 필요하다 생각한다. 공교육에 종사하면서 공교육에 몸담지 않았으면 깨닫지 못했을 사실이기도 하다. 21세기의 교실은 변화의 바람이 거세다. 20세기 교실처럼 교과서가 주어지는 것과 하드웨어격인 교실의 모습은 크게 달라지지 않았지만 수업을 들여다보면 많이 달라졌다. 많은 교사들이 교과서를 벗어나 다양한 형태로 아이들의 학습을 이끌고 있다. 나 역시 프로젝트 수업이나 하브루타 수업 등 아이들 간 협력과 피드백이 포함된 수업을 계획한다. 앞으로 아이들이 살아갈 시대에 '협력'이 중요한 키워드의 하나라고 생각하기 때문이다. '협력'은 내 옆의 또래 아이들과 함께 의견을 나누고 다양한 의견을 조정해가며 얻을 수 있다. 수업 외에 학교의 중요한 역할이 한 가지 더 있다.

"그럼, 그 아이 사회생활은 어떻게 하신대?"

"홈스쿨링 엄마들끼리 연대가 있다나봐. 그리고 교회에 나가면서 아이들을 만나며 사회성을 기를 생각이래."

학급을 운영할 때 두 개의 큰 축이 있다. 교과지도와 생활지도. 쉬는 시간은 짧지만 그 속에서 아이들은 친구와 많은 교류와 활동을 한다. 수업은 교사가 열심히 준비하면 어느 정도 결과가 따라오지만, 생활지도가 쉽지 않은 것은 아이들 개개인 개성의 스펙트럼이 광범위하기 때문이다. 그 속에서 생활하는 아이들도 광범위한 스펙트럼의 친구들과 시시각각 마주하게 된다. 수업 시간 모둠활동에서, 짝 활동에서, 쉬는 시간, 현장학습 버스 안에서 등등 아이들이 다양한 친구들을 마주할 수 있는 기회는 수없이 많다. 심지어 친구들도 학년이 바뀌면 매해 바뀐다.

그 속에서 아이들은 내 마음처럼 따라오지 않는 아이를 만나 속상해하기도 하고 속상함을 딛고 수업을 위해 협력하기도 하고 도저히 타협이 안 되는 경우 교사의 중재를 거치기도 한다. 이 과정에서 대화를 통해 서로의 입장을 이해하고 내 것을 내려놓고 서로 양보하고 배려하기도 한다. 그 속에서 아이들은 사회 속에서 살아가는 법을 배운다. 인간관계 속에서 개별성과 협력을 모두 경험할 수 있는 공간이 학교이며 교실이다.

아이들에게 아무 갈등도 없고 위험요소도 없는 무균무해한 환경을 만들어준다는 것은 이상에 가깝다. 세상은 위험과 갈등, 시련으로 가득한 곳이다. 부모를 포함한 어른들이 할 수 있는 것은 아이들이 겪게 될 시련을 학교라는 비교적 인진한 사회에서 미리 경험하고 이겨낼 수 있도록 돕는 것이다. 이 과정에서 아이들은 이전보다 성숙한 사회성을 지니게 된다.

이런 관점에서 보면 아이에게 좌절은 피해야 할 요소가 아니라 성장의 필수조건으로서 지향해야 할 점이다. 교실에서 성공과 좌절을 번갈아 겪으며 단단해지는 아이가 세상의 풍파에도 잘 견딜 수 있다.

아이가 성장하기에 적절한 환경을 만들기 위해 부모를 포함한 많은 어른이 필요하며 그런 이유로 아이가 자라는 환경은 가정을 넘어 교실로, 학교로, 지역사회로 최대한 확장되어야 한다. 학교폭력으로 인해 극심한 심리적 피해를 입었거나 아이의 성향이 너무나 예민해 안정이 필요하거나 그 외 다양한 이유로 긴급하게 심리적 인큐베이터가 필요한 시점에서는 홈스쿨링의 형태가 적절하다. 하지만 대부분의 경우 학교에서 겪는 작은 사회의 경험은 아이에게 유효하다. 교육의 형태를 공교육과 홈스쿨링으로 명확하게 구분 짓기보다는 내 아이에게 관심을 두고 지켜보며 진정 아이에게 필요한 것을 준다는 마음으로 접근하면 좋겠다. 가령 학교에서 활용 가능한 '현장체험학습'이나 '가정학습'을 활용해 아이에게 집에서, 교실 밖에서 줄 수 있는 홈스쿨링 형태의 학습을 병행하면 좋겠다. 교육의 주체인 학생, 학부모, 교사가 온 마을이 되어 한 명의 아이를 위해 노력할 때 아이는 마음이 단단하고 건강한 아이로 성장할 것이다.

본질에 가까워지는 질문
"왜?"

　"현장에 나가면 학교에서 배운 것들과의 간격이 커서 당황스러울 수도, 이상과 현실의 괴리가 느껴져 실망할 수도 있습니다. 그렇게 시간이 지나면 환경에 적응해 매일을 오늘도 무사히, 퇴근 시간을 기다리는 평범한 직장인이 될 수도 있습니다.

　나는 여러분께 당부하고 싶습니다. 무엇을 하든 마음속에 "왜?"라는 질문을 항상 가지고 있으라고, 그 질문을 잊지 말고 답을 찾아가는 여러분이 되라고 말입니다.

　대학 시절 존경하던 교수님께서 졸업 전, 마지막 수업에서 당부하신 말씀이다. 중년이 되면 교수님과 같은 모습의 지성인이고 싶었다. 교수님의 수업에서는 지금껏 알고 있던 상식을 뒤엎는 날카로운 시선과 현상의 이면을 꿰뚫어보는 혜안이 가득했고 나는 강의마다 이 모든 것들을 신선함과 충격으로 때로는 선망의 마음으로 보고 듣고 느낄 수 있었다.

마지막 수업에서 "왜?"라는 질문을 강조하신 교수님의 말씀이 아직도 기억에 생생하다. 졸업 전에는 졸업의 기쁨과 교사로서의 출발점에 선 설렘에 그 말씀이 크게 와 닿지 않았다. 하지만 교수님의 이 말씀은 대학 시절 전 과정을 통틀어 가장 기억에 남는 말이며 졸업 후 10년도 훨씬 지난 지금 나에게 더욱 생생하고 또렷하게 남아 영향을 미치고 있다.

왜 그럴까? 나의 교직생활이 시행착오와 적응 단계를 지나 안정기에 접어들었고 본질에 집중해야 할 시기가 왔다는 신호라고 생각한다. 발령 초기에는 주로 '어떻게'에 집중했다. 그도 그럴 것이 대학교에서의 배움과 교실에서의 일상은 너무나 달랐다. 발령을 받아 배정 받은 교실에서 반짝이는 눈빛을 지닌 30명의 아이들을 만났다. 이 아이들의 인생 한 부분을, 한 해의 많은 부분을 책임져야 하는 환경에 갑자기 던져졌던 나는 어떻게 생활지도를 해야 하고, 어떻게 교과를 지도해야 하고, 어떻게 학급을 운영해야 하는지 좌충우돌했다. 이 시기의 나는 마음이 급했고 배움과 현실의 간극을 메우기 위해 물을 흡수하는 스펀지처럼 내가 할 수 있는 모든 수단을 동원해 무작정 배웠다.

인간의 성장은 계단식이라고 했던가? 10년차에 접어들면서 좌충우돌하던 학급이 안정되고 새 학년이 시작되는 막막함과 불안보다는 기대감이 더 큰 비중을 차지하게 되었을 때 비로소 '왜'라는 질문에 집중할 수 있게 되었다. 생활지도를 할 때 아이들이 '왜' 그런 행동을 했을까 진심으로 궁금해지고 자연스럽게 아이들의 이야기를 물어볼 수 있게 되었다. 아이들의 이야기를 들으며 귀가 열리고 마음이 열렸다. 수업을 준비할 때 '왜' 이것을 가르치는지 고민하게 되었고 이것은 학급 운영에도 자연스럽게 이어졌다.

　　"왜?"라는 질문을 마음에 담으면 현상 뒤에 숨은 본질과 만나게 되고 생각을 거듭해 질문의 답을 찾게 된다. 그 무렵 독서모임을 통해 여러 분야의 책을 함께 읽고 이야기를 나누면서 마음이 더 풍요로워지고 여유가 생겼다. 왜 가르치는지 고민하다 보니 어떻게 가르칠 것인지에 대한 답을 찾는 일도 훨씬 수월해졌다.

　　학창시절 6하원칙(언제, 어디서, 누가, 무엇을, 어떻게, 왜)을 처음 접할 때 맨 뒤에 사족처럼 붙어 있던 '왜'라는 질문이 실은 남은 5개의 질문을 아우르는 큰 질문이었음을 배운 지 20년도 더 지난 요즘 새삼스레 깨닫고 있다.

　　'왜'라는 근원적 질문에 집중하게 되면 나머지 질문에 대한 답은 부차적이고 굳이 답이 필요 없는 작은 질문이 된다. 인생을 '왜' 사는가? 하는 본질적인 질문에 마주하게 되면, 그리고 그 답을 찾게 되면 '어떻게' 살든 '무엇을' 하며 살든 그 방법은 다양하게 변형이 가능하고 그 과정이 다르더라도 본질이 변하지 않는다면 큰 틀에서 크게 벗어나지 않기 때문이다.

프랑스의 소설가 폴 부르제는 '생각하며 살지 않으면 사는 대로 생각하게 된다'고 하였다. 바쁘게 돌아가는 일상에 매몰되어 살다가 어느 날 문득 내 삶을 돌아보기보다는 내가 원하고 바라는 것이 삶을 이끌어갈 수 있도록 항상 깨어 있는 사람이고 싶다. 그리고 교실에서 나와 더불어 생활하는 아이들도 각자가 자신의 고유한 삶의 주도권을 가지고 '왜?'라는 질문을 마음에 품고 살아가기를 소망해본다.

완성형 아이와
과정형 아이

〈슬기로운 의사생활〉에서 신경외과 펠로우 용석민을 인상 깊게 봤다. 어려운 가정에서 돈을 벌기 위해 의사가 된 그는 초반에 자신의 논문을 위해 확률이 높지 않은 수술을 환자에게 강요하기도 하고 중반에는 더 좋은 조건을 제시하는 종합병원으로 이직을 하기도 했다. 하지만 그는 그곳에서 능력의 한계를 깨닫고 다시 율제병원으로 돌아왔다. 사람은 어쩌면 유리 슐레비츠의 동화책《보물》의 한 구절처럼 '가까이 있는 것을 찾기 위해 멀리 떠나야 할 때도 있는 것' 같다.

돌아온 용석민은 이전과 달랐다. 수술을 하지 않으면 실명할 위기에 처한 환자가 수술에 대한 부담감과 실패에 대한 두려움으로 수술을 거부할 때, 몇 번을 찾아가 쉽게 설명하고 설득해 수술 동의를 받아낸다. 그의 지도교수 채송화는 "나는 완성형 인간보다는 너처럼 진행형 인간이 더 좋아"라는 말을 해주었다. 지도교수가 초반 용석민의 행동을 모르지 않았을 텐데 참을성 있게 기다려주고 믿어준 것, 그 마음에 보답하듯 성장을 거듭하는 용석민과 그 성장을 알아봐주는 지도교수의 세심한 관심이 참 따뜻하게 다가왔다.

교실에도 완성형 아이가 있다. 때로 어른인 나보다 더 마음이 넓고 자신의 삶과 일상을 잘 만들어가는 아이들이다. 몇 해 전 만난 하준이는 완전한 모범생에 가까운 아이다. 학급회의에서 자신의 의견을 소신 있게 말하고 수학여행 장기자랑에서 100명이 넘는 아이들 앞에서 홀로 오카리나를 연주할 정도로 스스로에게 자신감이 있다. 전교회장 선거에 출마했을 때, 인기가 높은 후보와의 격차를 줄이기 위해 고심 끝에 교사의 양해를 구하고 점심시간을 쪼개어 4~5학년 교실을 돌며 선거 연설을 했다. 자신이 잘할 수 있는 방송연설에 중점을 두어 연설문을 작성하고 수많은 연습을 거듭해 결국 전교회장에 당선될 정도로 목표의식이 있는 아이다. 학창 시절의 나를 하준이의 자리에 데려다 놓았으면 아마 하지 못했을 것이다.

하준이는 마음이 힘든 아이들을 잘 챙기고 배려심도 깊었다. 당시 학급에서 감정조절이 잘 되지 않던 서희는 하준이와 친분을 나누고 싶어했고 하준이는 서희를 잘 챙겨주었다.

내가 본 완성형 아이인 하준이는 나의 신뢰도 받았지만, 나 이전에 5명의 담임교사에게도 무한한 신뢰와 사랑을 받았을 것을 어렵지 않게 짐작할 수 있다.

《원씽》의 저자 게리 캘러가 말했듯이 사람의 에너지는 유한하다. 한 그릇에 담긴 나의 에너지를 어떻게 활용하느냐는 전적으로 나의 의지에 달렸다. 교사로서의 나 역시 다르지 않다. 교사의 시야는 유한하고 에너지의 양 또한 그렇다. 에너지가 유한하다면 에너지를 어디에 쏟을지 선택해야 한다.

나는 의식적으로 완성형 아이보다는 과정형 아이에게 에너지를 쏟으려 노력한다. 노력이 중요하다. 노력하지 않으면 저절로 완성형 아이를 보게 되는 것이 사람의 본능이기 때문이다. 가정에서 의식적인 노력이 없으면 귀여운 둘째를 넋 놓고 바라보며 웃고 있는 나를 발견하는 것처럼 말이다. 아차 싶어 돌아보면 첫째의 질투 어린, 날 선 눈빛을 마주하는 때가 많다. 교실에서도 다르지 않다. 나의 말을 귀 기울여 들어주고 지키려 노력하고 다른 사람을 배려하려 노력하는 완성형 아이들을 보면 바쁘고 힘든 일상에서 마음의 위로를 얻기도 하고 계속 바라보며 긍정적 강화를 주고 싶어진다.

하지만 귀여운 둘째만 바라보는 것이 엄마가 없을 때 둘째에게 부정적 영향을 끼치듯 교실에서도 그렇다. 너무 그 아이에게만 관심을 두고 칭찬하는 것은 그 아이에게도 좋지 않다. 교사는 의식적으로 시선을 돌려 과정형 아이의 성장 징후를 찾아내야 한다. 과정형 아이가 성장하면서 주는 긍정 에너지가 과정형 아이도 살리고 완성형 아이와 함께 생활하는 학급의 분위기를 더 긍정적으로 만든다.

한정된 물을 이미 싱싱하고 꽃이 핀 화분에 주기보다는 한 모금의 물이 절실한 시들어가는 화분에 주어야 하는 이유다. 완성형 아이는 이미 안정된 내적 자산을 바탕으로 하기 때문에 교사의 관심과 사랑이 큰 영향을 끼치지 않는다. 하지만 과정형 아이는 다르다. 교사의 관심 한 번, 말 한마디가 아이의 삶에 한 줄기 빛이 되기도 하고 평생을 관통하는 하나의 메시지가 되기도 한다. 과정형 아이에게 집중하면 많은 에너지가 소비되고 그로 인해 때로 마음이 힘들지만 어느 순간 '보람'이라는 큰 선물을 주기도 한다.

쉬운 일은 누구나 할 수 있다. 교실에서의 어른이라면 당연히 '쉬운 일'보다는 '옳은 일' 혹은 '해야만 하는 일'에 집중하는 것이 맞다고 믿는다. 고학년을 맡으며 그동안 물을 얻지 못해 많이 시들어버린 아이를 찾는 것, 그 아이가 말라죽지 않도록 한 모금의 물을 주는 것, 그것이 교사로서의 보람이자 사명이라고 믿는다.

교실, 아이들이 마음의 백신을 맞는 곳

따뜻하면서도 선선한 6월, 맨발걷기를 하곤 했다. 공원을 한 바퀴 뛰고 걷고를 반복하다가 공원 마지막 흙길이 이어진 곳에서 잠시 맨발걷기를 한다. 걸을 때 따끔거리던 발바닥이 맨발걷기를 하면 지압을 받은 듯 집에 가는 운동화 속에서 시원함을 느낀다. 공원을 숨이 차게 달린 후 하는 맨발걷기는 아주 시원하고 상쾌하다.

얼마 전, 백신을 맞고 달리지 못하게 된 날이 있었는데 왠지 몸이 근질근질한 느낌이 들어 맨발걷기를 하러 딸아이와 함께 공원에 나갔다. 그런데 이전과 다르게 맨발걷기를 하는데 너무 아픈 것이다. 한걸음 내딛을 때마다 흙과 돌 하나하나가 느껴져 고통스러울 만큼 힘들었다. 인어공주가 마녀와 거래해 목소리와 바꾼 다리로 걸을 때마다 느낀 고통이 이런 것일까 싶을 만큼 매 걸음이 아팠다. 같은 공원, 같은 코스인데 이렇게 다른 느낌을 겪다니 신기해서 다음 날 다시 공원을 찾았는데 다음날도 역시나 별반 다르지 않았다. 발의 말초신경이 아직 준비가 덜 된 것 같았다.

발을 쿵쿵 굴리며 달리기를 하고 숨이 턱에 찰 때 몸은 운동이 시작되었음을 알아차린다. '우리 주인이 운동을 하고 있구나…' 몸에 열을 내고 심장에 피를 빨리 돌리면서 준비를 한다. 그렇게 운동을 한 후 맨발걷기를 했을 때, 자극이 그리 크게 느껴지지 않았는데 아무 준비운동 없이 내딛은 발은 예방주사를 맞지 않은 독감주사의 호된 증상처럼 매우 아팠다.

교실에서 아이들은 어쩌면 예방주사를 맞고 있다는 생각이 든다. 몸의 예방주사는 병원에서 맞지만 마음의 예방주사는 가정에서, 학교에서 맞는다. 특히 친구들, 선생님과 더불어 생활하는 교실에서는 더욱 그렇다. 교실은 작은 사회다. 담임교사를 선택할 수 없고 친구들 또한 선택할 수 없다. 민들레홀씨처럼 우연히 내려앉은 그곳에서 한 해 동안 적응해내야 하는 숙제를 안고 있다. 1년이라는 기간 동안 아이들은 작은 사회 속에서 좌충우돌 갈등을 겪기도 하고 그 과정에서 훌쩍 자라기도 한다. 그렇게 구성원을 바꾸어가며 초등 6년, 중등 6년을 보내야 한다.

아이들이 마음의 예방주사를 맞을 때 부모나 교사는 어떻게 해야 할까? 예방주사를 접종하고 열이 나거나 앓아눕는 고통을 부모나 교사가 대신해줄 수 없다. 그 고통은 아이가 오롯이 견뎌내야 할 고통이다. 이 고통이 있어야 진짜 감기 바이러스가 몸 안에 들어왔을 때 맞설 수 있는 내성이 생긴다. 마음의 예방주사도 마찬가지다. 부모나 교사가 대신 앓아줄 수 없다. 할 수 있는 일은 편안한 이부자리를 깔아주고 아이가 편안하게 앓아누울 수 있도록 자리를 마련해 주는 것이다. 지켜보다가 도저히 안 되겠다는 판단이 들면 해열제로 고통을 덜어주는 정도의 도움을 줄 수 있다. 예방주사를 맞았는데 아이가 열이 나고 힘든 것이 안타깝다고 해서 바로 감기약을 먹여 완치시키는 부모는 없을 것이다.

작은 사회에서 생활하는 아이들도 크고 작은 마음의 고통을 겪는다. 이 고통은 아이들이 반드시 겪어내야 하는 고통이다. 요즘은 학교폭력이 일상화된 시대라 가끔 안타까울 때가 있다. 아이들도, 부모님들도 친구와 다투어 마음이 상하면 자연스럽게 학교폭력을 언급한다. 심지어 1학년 아이들도 친구와 다투고 학교폭력 신고기관에 전화를 해 경찰이 출동한 웃지 못할 경우도 있었다. 성인들의 갈등이라 하더라도 경찰이 출동할 만큼의 극한 상황은 그리 많지 않다. 그러한 갈등으로 재판에 회부된다 하더라도 민사재판에서는 주로 원만한 합의를 권한다고 한다. 시도해도 안 되면 마지막 보루로 법적 처분을 받는 것이다.

그런데 학교에서는 갈등의 경중을 따지지 않고 조금 마음이 상했다 싶으면 학교폭력을 언급하는 경우가 많다. 이 경우 아이보다 부모님의 마음이 더 상한 경우가 종종 있다. 갈등 속에 있던 아이들은 화해하고 함께 운동장에서 신나게 축구를 하고 있는데 정작 부모님의 마음이 풀리지 않아 재판으로까지 확대된 극단적 경우도 있었다. 이런 경우 아이들은 경찰조사와 재판 과정에서 지치고 상처받는다.

학교폭력 신고제도는 꼭 있어야 할 제도다. 근래에 어긋난 행동을 하는 아이들의 잘못이 성인의 그것에 버금갈 정도로 치밀하고 조직적인 경우가 많다는 신문기사를 흔치 않게 접할 수 있다. 하지만 우리 사회의 모습이 언론에 연일 등장하는 흉악한 범죄로 모두 채워져 있는 것이 아닌 것처럼 학교에서 생활하는 아이들 모습도 마찬가지다. 그래서 아이들의 갈등을 알게 되었다 하더라도 갈등의 경중을 판단하여 법적 절차로 해결하는 것은 최후의 수단으로 남겨두면 좋겠다.

대신에 갈등 속에서 아이가 스스로 빠져나올 수 있도록 관심을 가지고 지켜봐 주는 지혜를 발휘하면 좋겠다. 수용 가능한 갈등 속에서 아이가 성장하는 그 순간, 한 뼘 자란 아이가 값진 경험의 선물을 만끽할 수 있도록 관심을 가지고 지켜봐 주는 것, 그것이 아이 마음의 예방접종을 대하는 어른들의 배려가 아닐까 한다.

아이들에게 갈등 해결의
다양한 선택지를 주자

점심시간에는 평소 무뚝뚝하던 아이들도 말이 많다. "선생님, 오늘 점심은 떡볶이랑 김말이 나온대요." 하고 들뜬 목소리로 말하는 아이들을 보면 웃음이 나온다. 어느 날 잔치국수와 구운 계란이 나왔다. 가림막 건너에 앉은 행복이가 익살스런 표정으로 나를 불렀다. "선생님, 이것 보세요. 계란 뚜껑을 벗겼어요." 고개를 들어보니 정말 계란 윗부분이 뚜껑을 연 것처럼 벗겨져 있다. "이렇게 숟가락으로 살살 쳐서 위쪽을 들어올리면 돼요." "신기하다…. 이렇게 먹으면 손에 묻지 않아서 좋겠다." 옆에 있는 우정이는 구운 계란을 다짜고짜 머리에 치더니 계란을 까기 시작한다. 어른인 내 눈에 아파보이지만 우정이에게는 재미있는 놀이쯤 되는 것 같다. 식탁 모서리에 톡톡 부딪혀 까는 전형적인 나의 방식이 식상해보인다. 구운 계란을 까는 방법이 이렇게 다양하다니 놀랍다.

　단순하기 그지없는 구운 계란을 까는데도 3가지 이상의 방식이 있는데 복잡하게 얽힌 아이들 간 갈등의 해결책은 너무나 단순하다. '학교폭력'으로 신고하는 것. 아이들도 학부모도 갈등의 끝은 학교폭력으로 신고하는 것이고 따끔한 체벌을 받으면 갈등이 일어나지 않을 것이라 생각하는 경향이 있다. 하지만 정말 그럴까? 아이들의 갈등을 대할 때마다 의문이 든다. 어른의 세계에서도 갈등의 끝이 항상 법정 소송은 아니다. 하지만 학교에서 갈등의 끝은 많은 경우 학교폭력으로 귀결된다. 올해 학교폭력 업무를 맡으며 여러 갈등을 경험했다. 학교폭력으로 신고한 학부모님들도 실은 아이들이 진심으로 잘못을 뉘우치고 같은 행동을 반복하지 않기를 원하신다. 그러한 마음을 가진 부모님이 학교폭력으로 신고하는 원인 중 하나는 학부모님도 학창 시절에 경험했던 갈등 해결 방식이 한 가지밖에 없기 때문일 것이다. 폭력은 폭력을 부른다. 갈등을 해결하는 과정에서 그 방식이 또 다른 폭력과 다름 아님을 지켜봐야 하는 경우에는 두 아이의 입장을 알고 있는 교사로서 매우 속상하다.

　갈등 해결의 또 다른 방법은 회복적 생활교육이다. 갈등을 대화 속에서 평화로운 방법으로 해결해 가는 것으로 이 과정을 통해 아이들은 안전한 환경 속에서 서로의 이야기를 주고받으며 상대방을 이해하고 이해받는 경험을 하게 된다. 피해를 입힌 아이들은 자신의 행동을 직면하고 자신의 행동에 대한 책임을 질 수 있는 기회를 가진다. 피해를 입은 아이들은 상대편 아이의 진심 어린 사과를 통해 피해를 회복하여 재발에 대한 두려움을 내려놓고 일상으로 돌아오게 된다. 대화를 하며 나의 행동으로 인해 상대방이 겪었을 감정과 불편함을 직접적으로 듣는 과정에서 아이들은 서로의 감정에 공감하고 역지사지(易地思之)를 경험하게 된다. 학급에서 이러한 방식으로 아이들의 갈등을 해결하였을 때 대부분의 아이들은 후련함과 안정감을 경험했다.

하지만 부모님께 전화를 드려 평화로운 대화의 방식으로 갈등을 풀어가려 한다 말씀드리면 의외로 완강히 거부하시는 분들이 많다. '따끔하게' 혼내는 방식이 더 효과적이라고 의견을 주시는 부모님도 적지 않다. 하지만 몇 해 전 '따끔한' 방식으로 갈등을 해결한 불씨가 6학년에 와서 또 다른 불씨로 작용해 더 큰불을 만드는 경우가 더러 있었다. 오래된 불씨를 회복적 방식으로 풀었을 때 아이들의 편안한 표정, "선생님, 이제 그 일이 저를 괴롭히지 않을 것 같아요." 하는 이야기를 들을 때마다 아이들의 갈등을 푸는 선택지가 하나쯤은 더 있어야 한다고 느낀다. 아이러니하게도 아이들의 갈등을 평화적인 방법으로 해결하기 위해 부모님을 설득하는 것에 더 많은 시간을 들여야 하는 경우도 있다.

갈수록 강도가 높아지고 성인에 버금가는 범죄 수준의 학교폭력이 발생되고 있는 상황에서 이루어지는 '학교폭력예방'교육의 결과 아이들은 한 가지 선택지만 갖게 되었다. 아이들의 갈등은 학교폭력이냐 아니냐의 이분법적인 잣대로 판단된다. 또한 낮아진 학교폭력 기준 때문에 싸워서 감정이 상하면 학교폭력부터 이야기한다. 이는 아이들의 잘못이 아니다. 아이들에게는 한 가지 선택지밖에 주어지지 않은 것뿐이다.

어른은 달라야 한다. 어른은 아이들이 성인이 되었을 때 갈등을 잘 해결할 수 있도록 다양한 선택지를 경험하게 해야 한다고 생각한다. 어른이 더 좋은 방법을 찾는 노력을 멈추지 말아야 하는 이유다. 회복적 생활교육을 경험한 많은 어른들이 학교에 회복적 생활교육을 활성화시키려 노력하는 이유이기도 하다. 구운 계란을 까는 것보다 복잡하게 얽힌 갈등에 더 좋은 선택지가 있다고 믿는 것, 그 선택지가 주어졌을 때 편견을 가지지 않고 고민을 거듭하여 아이에게 더 좋은 방법을 제시하는 것이 기성세대인 교사와 학부모가 할 일이다.

10월, 우리들의 이야기가
익어가는 시간

    고학년쯤 되면 꼬리표가 붙는 아이들이 있다. 3월의 이수는 꼬리표를 하나 달고 올라왔다. 이수는 또래 아이들보다 힘이 세고 키도 크다. 또래 관계가 중시되고 특히 물리적인 힘의 역동이 또래 관계에 영향을 끼치는 고학년 남자아이들 사이에서 이수는 존재감이 있었다.

    4학년의 이수가 같은 반 아이를 부하 부리듯 심부름도 시켜가며 막 대해서 상대 부모님의 항의가 있었다고 한다. 5학년 때는 학급편성에 반영되어 다른 반이었는데 무슨 인연인지 6학년이 되어서 다시 같은 반이 되었다고 한다. 아이들도 잘 모르고 학교도 낯설 3월에 교장실에서 학부모님의 염려를 전해 들었다.

    3월의 이수는 큰 특이사항이 없어 보였다. 쉬는 시간 친구들과 가끔 선생님 자리로 놀러오기는 하지만 크게 반항기가 있거나 불만이 있는 것 같지는 않았다. 교장실에서 설명을 들을 정도로 심각한 상황은 아닌 것 같다는 판단이 들었다. 4학년 때의 일은 아직 어리니 자신도 모르는 사이에 그럴 수 있지…. 3월 첫날 아이들에게 약속했다. 지난 5년의 일로 색안경을 쓰고 너희를 대하지 않겠노라고. 우리가 만난 지금 이 순간, 오늘부터 1일이며 오늘부터의 너희의 모습만 기억할 것이라고 이야기했으니 지켜야 한다고 스스로에게 되뇌인다.

3월, 이수가 연달아 지각했다. 이유를 물어보니 딱히 이유는 없단다. 단지 늦잠이라고 한다. 연달아 사흘쯤 지각을 하고 규칙에 따라 어떻게 나의 행동을 수정할 것인지 계획서를 적고 아이들 앞에서 발표했다. 이수는 계획을 장난처럼 적었다. '지각을 하지 않기 위해 어떻게 행동할 것인가요?'라는 질문에 보통 '알람을 맞추어 놓고 잔다' 혹은 '일찍 잔다' 등의 답변을 하는데 이수는 '아침에 일어나 세수를 하고 이를 닦고 문을 출발해 오케이문구사 앞을 지나….' 하고 오는 길을 묘사한다. 아이들이 킥킥 웃었고 이수도 장난스런 얼굴이다. '이수야, 알겠는데 오케이문구사 앞을 몇 시에 지날 것인지가 더 중요하지 않을까?' 질문을 돌려준다. 진지하지 못한 이수의 태도에 약간 속이 상하지만 아직 3월이니까….

4월, 이수와 준영이의 충돌이 있었다. 준영이는 덩치가 크지만 마음이 여리고 순해서 남자아이들이 아무렇지 않게 몸 장난을 하는 경향이 있다. 5년간 누적된 패턴 속에서 준영이는 많은 스트레스를 받고 있다. 아주 예민해져 있고 3~4월은 환경도 바뀌어 더욱 그런 듯 보인다. 이수가 쉬는 시간에 준영이 자리로 와서 몸으로 준영이를 밀어내는 장난을 해서 준영이가 불편을 호소했다. 방과 후에 이수와 준영이와 함께 남아 대화를 했다. 이수는 모두 장난을 쳤는데 왜 자신만 유독 남아서 잘못을 이야기하는지 다소 억울해했다. 안 한 건 아니지만 '나만' 걸린 것 같은 느낌을 가지는 듯했다. 준영이가 힘센 이수의 몸 장난이 장난을 넘어선 아픔이었다고 이야기하는데도 이수는 납득하지 않았다.

고백하건대 그날 나는 준영이 편이었다. 집에서 두 아이가 싸웠을 때, 힘없는 둘째 편을 드는 엄마처럼 나 역시 준영이 편에서 이수에게 이야기했던 것 같다. 시종일관 가면 같은 얼굴을 하고 있던 이수는 형식적인 사과를 남기고 문을 '쾅' 소리가 나도록 힘껏 닫고 교실을 나갔다. 나 역시 감정이 상했다. 하지만 그 감정으로 이수를 벌써 단정짓지는 말아야겠다는 생각을 의식적으로 되뇌었다. 아직 4월, 기껏해야 이수를 만난 지 두 달 남짓이었으니까.

6월쯤 되면 학급 규칙, 학급 슬로건 강조, 공동체 서클 등 많은 활동을 통해 학급의 울타리가 완성되어간다. 이수는 크게 말이 없고 표현도 잘 없다. 쉬는 시간, 급식 대기줄에 있을 때 이수에게 말을 걸어봐도 예, 아니오 같은 단답형의 대답만 돌아왔다. 어느 날, 이수와의 관계에 터닝포인트가 생겼다. 급식시간을 기다리고 있는데 5학년 선생님께서 "선생님 6학년에 ○○이가 몇 반인가요?" 하고 물어왔다. 옆에 있던 이수에게 물었더니 "몰라요"라는 단답형의 대답이 돌아왔다. "그렇구나. 알았어." 하고 다시 아이들 옆에 서 있는데 조금 있다가 이수가 다가왔다. "선생님, ○○이 6반이래요." "정말? 친구에게 물어봤구나. 고마워." 이수의 짧은 한 마디에 이수의 마음이 들어 있었다. 평소에 말이 없던 이수가 굳이 친구에게 물어보고 나에게 와서 다시 대답해준 그 마음이 보여 하루 종일 기분이 좋았다. 이수가 우리 학급에 있는 것이 왠지 든든했다.

10월, 이수는 4학년 때 항의를 받았던 현이의 공부 짝으로 많은 도움을 주고 있다. 준영이랑도 잘 지낸다. 방과 후에 운동장에서 놀면서 힘센 다른 반 아이들이 체구가 작은 현이를 함부로 대하는 일이 지난 학기에 종종 있었는데 이수가 함께 있음으로 의도치 않게 보호 역할을 하고 있었다. 과학실에 실험도구를 챙기러 갈 때 도움을 부탁하면 말없이 따라나서서 무거운 짐도 옮겨준다. 쉬는 시간이 짧아서 친구들과 노느라 부탁을 거절하는 친구들이 많은데 이수는 한 번도 거절한 적이 없다. 이수가 기특해 생활기록장에 종종 '이수가 우리 반이어서 참 다행이야'와 같은 댓글을 남기기도 했다. 이수는 요즘 지각을 잘 하지 않는다. 선생님인 내가 있는 자리에도 자주 놀러 온다. 교실에 들어서면 아이들이 모두 나의 편인 듯 느껴진다. 학급의 슬로건처럼 '우리는 모두 너의 편'이 된 것 같다. 게시판 앞에 매일 보는 슬로건처럼 정말 그런 것 같다.

아이들과 진정한 소통과 공감을 하고 있다고 느껴지는 시기는 나에게는 항상 10월이다. 작년에도, 재작년에도 출근하는 차 안에서 좋아하는 노래를 듣다가 아이들이 졸업하는 상상으로 자연스럽게 이어져 눈물이 뚝 떨어졌다. 올해도 그렇다. 노래를 듣던 중 '네게 더 좋은 사람이 되고 싶어…'라는 가사가 왜 그리 마음을 울렸는지 모를 일이다. 12월이면 학급생활의 많은 부분을 마무리해야 할 시점이 온다. 그때까지 아이들에게 더 좋은 사람, 더 좋은 어른, 더 좋은 교사가 되어야겠다는 마음을 가져본다. 아이들의 졸업을 생각하는 것만으로도 눈물이 나는 것을 보면 올해도 최고는 아니지만 내 나름의 최선의 노력을 하고 있다고 스스로를 토닥여본다.

교실의 아이를
집으로 데려온 주말

　요즘 학급 아이들을 집에 데리고 오기 시작했다. 아이의 실체는 없지만 퇴근 후에도 내 머릿속에서 매 순간 아이들이 오간다. 함께 있지 않지만 함께 있는 상태가 지금의 나의 상태이다.

　이수가 생활지도의 전면에 떠올랐다. 이수의 친한 친구인 10반의 민수가 떠올랐기 때문이다. 6학년 전교에서 가장 힘이 세고 싸움을 잘하는 민수는 3월부터 학교폭력과 갈등 사이를 아슬아슬 오가고 있다. 힘이 세지만 자기중심적이고 다혈질의 성격이라 폭발하면 누구에게든 주먹을 휘둘러야 화가 풀리는 것, 힘이 약한 아이를 자신의 기분에 따라 때리는 것, 남녀를 가리지 않고 욕설이나 성적인 발언을 거침없이 내뱉는 것, 친구의 폰을 힘으로 빼앗아 사적인 부분을 알아내 폭력적 언사로 협박하는 등 민수가 속한 반의 하루하루는 살얼음판을 걷는 것 같아 보인다. 심지어 민수는 학기가 지나고 성장할수록 겁이 없어지고 자신을 보고 움찔하는 아이들을 즐기는 상태에 이르렀다.

1학기에 민수가 우리 반 아이들과 몇 번의 갈등이 있어 대화모임을 한 적이 있었다. 담임교사가 아니기에 그 아이의 생활 모습이나 성격 전반에 대해 알지 못하니 우리 반 아이들과 연관된 부분에 대해서만 이야기를 나누고 마음을 전하고 조정을 했다. 시기적으로 6학년 초기여서 그런지 민수와의 조정이 특별히 어렵지 않았고 그때 한 약속은 아직 잘 지켜지고 있어서 그 대화모임 이후로 나는 민수랑 마주할 일이 거의 없었다. 하지만 이수가 민수와 각별한 친분이 있다는 것을 알고 있었기에 민수의 갈등이 수면 위로 올라올 때마다 계속 마음이 쓰였다. 혹시 함께 있다가 이수도 갈등에 휘말리지 않을까 걱정이 되었다.

내가 이수에 대해 모든 것을 알 수는 없다. 바쁘게 돌아가는 교실의 시간에서 26명의 아이들과 좌충우돌 하다보면 개인적인 이야기를 나눌 시간은 거의 없다. 수업 시간, 쉬는 시간 관찰되는 행동과 생활기록장, 가끔 나누는 몇 마디 말로 미루어 짐작한다. 그마저도 아이가 생활기록장을 대충 써버리면 더 그렇다. 없는 시간 속에서 이수가 마음 쓰인다.

1교시 수학시간, 오랜만에 수업을 빨리 마친 자유롭고 황금 같은 시간에 학급에서 가장 체구가 작은 준성이가 수학문제집을 들고 이수에게 간다. 준성이가 풀다가 막힌 문제를 이수가 풀고 있다. 문제를 다 풀고 이수는 다시 무심한 표정이고 준성이는 문제집을 들고 자리로 간다. 내가 아는 이수의 모습이다. 지난달 서준이 옆자리에 앉아 문제를 이해하기 힘들어하는 서준이에게 마음과 시간을 내어 알려주던 모습이다. 체육시간에 준성이의 풀린 운동화 끈을 쪼그리고 앉아 매어주던 모습도 기억난다. 이 모든 장면들은 교실에서 나에게 작은 감동을 주었던 장면이기도 하다.

이수가 민수의 말이나 행동에 동조하거나 방과 후에 민수와 같은 행동을 할 거라고 생각하고 싶지는 않다. 선생님의 마음이 쓰이니 민수와 어울리지 말라고 할 수도 없다. 그럼에도 나는 오늘 집에 가기 전, 이수를 잠시 불러 연휴 후 화요일 아침에 함께 이야기를 나누기로 했다. 나는 이수에게 무슨 말을 하고 싶은 걸까?

먼저 약속을 잡아놓고 집에 이수를 데리고 들어와 어제 저녁 남편과 저녁 식탁에서 한참 이야기를 했다. 생각이 정리가 안 되었기 때문이다. 저녁 식탁에 나와 남편이 대화를 나누고 있고 내 마음 속에는 이수가 자리잡아 함께 이야기를 하고 있다. 아이들에 대한 고민이 깊어지면 종종 퇴근 후에도 이렇게 아이를 마음에 담고 집에 온다.

저녁 식탁에서의 긴 대화 속에서 나는 결론을 내렸다. "이수는 좋은 아이다." 다음 주에 이수를 만나면 이야기할 것이다. "너는 좋은 아이이고, 선생님은 너를 좋아한다. 그래서 선생님은 너를 믿는다." 그리고 '민수의 말이나 행동에 대한 이수의 생각'을 물어봐야겠다는 생각을 한다. 교사로서의 솔직한 나의 마음도 전해야 할 것 같다. "너를 신뢰하지만 민수 주변에 있다가 의도치 않게 불미스런 일에 휘말릴까봐 걱정된다." 그리고 나의 부탁도 전하고 싶다. 방과 후 나의 눈길이 닿지 않는 곳에서 혹시 우리 반 아이들이 다른 아이에게 피해를 입고 있다면 수용 가능한 선에서 '그 아이의 편'에 서줄 수 있냐고, 이수에게 도움을 요청하고 싶다. 이번 주말은 왠지 계속 고민의 연속일 것 같다. 몇 마디 말로 진심을 전하기란 참 어렵다는 생각이 문득 든다.

아이와 마음이
통하는 날들

민수로 인해 이수와 약속을 잡아놓고 이렇게 저렇게 말의 퍼즐을 맞추던 나는 연휴를 마치고 출근하는 차 안에서 소리 내어 연습을 했다. 이수는 확실히 사춘기에 접어든 것 같다. 키도 나보다 머리 하나는 더 크고 얼굴에 여드름도 늘었다. 또래 관계를 중시하는 사춘기 남학생의 특성을 반영하듯 쉬는 시간에도 늘 복도에서 친구들과 서성대고 있다. 이 시기 아이들에게 기성세대인 나의 말은 잔소리이기 쉽다. 사춘기 아이들에게 관심의 대상인 것, 무서운 것은 또래 친구들이기 때문이다. 부모님이나 선생님의 말은 그 순간만 잘 넘기면 되는 말이 되기 쉽다. 그런 시기에 접어드는 이수에게 잔소리를 줄이고 '너를 믿고 존중하고 있다'는 메시지를 남기기로 한다.

등교시간은 8시 40분까지이지만 요즘은 코로나로 학년별로 등교시간이 조정되어 6학년은 8시 50분으로 연장되었다. 이수는 그마저도 매일 아슬아슬하게 등교한다. 1학기, 8시 40분까지 등교해야 할 때도 지각이 잦았다. 지난 주말 할 이야기가 있으니 언제 시간이 괜찮냐고 물었을 때 이수는 화요일 아침 8시 30분이라고 답했다.

"이수야, 너 아침 일찍 오는 거 힘들어하잖아…."

나는 웃음을 참으며 아침이 아니면 오후라도 좋으니 화요일에 이야기하자고 말했다. 그런데 아침에 등교하니 정말 이수가 8시 30분에 딱 맞춰서 교실에 들어왔다. 이야기를 하기도 전에 기분이 좋아진다. 그러나 이수는 다른 아이들처럼 "선생님 저 왔어요"하고 책상에 오거나 바로 이야기하지 않고 쭈뼛쭈뼛 복도에 나갔다가 들어왔다가 갈피를 잡지 못하고 있다.

"이수야, 너 오늘 약속 때문에 일찍 왔구나. 감동이다~."

연구실에 마주 앉았다.

"이수야, 오늘 선생님이 너를 보자고 한 것은 무슨 문제가 있거나 네가 잘못한 일이 있어서는 아니야. 선생님이 이수에 관해 마음 쓰이는 것이 있는데 선생님 마음을 전하고 싶고 너에게 부탁할 것도 한 가지 있어서 보자고 했어."

이수는 나의 눈을 똑바로 쳐다봤다. 이야기하고 싶지 않거나 마음에 힘이 없으면 아이들은 대부분 눈을 피한다. 별다른 말을 하지는 않지만 눈을 마주치는 것으로 이수가 나의 이야기를 잘 듣고 있음을 알 수 있다.

"선생님이 함께 생활하면서 보니까 이수 너는 좋은 아이인 것 같아. 선생님은 이수가 우리 반이어서 참 든든하기도 하고 다행이다 생각하기도 해. 친구들이 많아서 표를 낼 수는 없지만 선생님은 이수를 참 좋아해. 선생님은 이수를 믿어. 앞으로도 그럴 거고."

이런 이야기는 누구에게도 해본 적이 없다. 당연히 아이들에게 '너는 좋은 아이다'라고 말해준 적도 표현한 적도 없다. 농담처럼 뼛속까지 경상도인이라 말로 표현하지 않아도 알 거라는 생각을 하는지도 모른다. 표현에 서툰 나에게도 용기가 필요한 말이고 어색해서 몇 번이고 중얼거려본 말이다. 그러나 오늘을 계기로 이 말을 아이들에게 자주 해주리라는 마음으로 멘트를 다듬고 어색하지 않은 나의 말로 연습을 거듭했다. 말해놓고 나니 별로 어색하지는 않아 다행이다.

"민수 있잖아. 선생님이 민수를 친구인 너만큼 잘 알지는 못하지만 민수의 행동에 대해서는 듣고 있거든. 선생님이 걱정하는 것은 이수 너야. 민수가 불미스런 일 가운데 있을 때 곁에 있던 이수가 휘말리는 것이 걱정되거든. 아끼는 제자인 이수가 그런 상황에 휘말리면 선생님은 너무 속상할 것 같아. 그래서 말인데 이수는 민수의 말이나 행동에 대해 어떻게 생각하니?"

"저도 저러면 안 되는데 하는 생각을 할 때가 있어요. 옆에 있으면 말리기도 하고 그래요."

"그렇구나…, 이수가 말리면 민수가 말을 좀 들어?"

"네…."

"그래. 선생님이 걱정한 것보다 이수가 민수의 행동에 대해 잘 알고 있고 스스로 잘 판단해서 행동하고 있네. 이야기해 줘서 고마워. 많이 걱정했는데 안심이 된다."

그리고 이수는 내가 없는 곳에서 민수나 힘센 아이들 사이에서 힘들어하는 반 아이들의 편에 서달라는 부탁에도 흔쾌히 응해주었다. 부탁한 것을 지키는 것도 중요하지만, 이렇게 마음을 먹은 것이 더 중요한 계기인 것 같다. 말이 없는 이수에게 오늘은 왠지 말을 걸고 싶어진다.

쉬는 시간 연구실에 있는 지구본을 옮겨야겠다는 생각이 들어 복도로 나갔더니 이수와 아이들이 삼삼오오 모여 있다. "선생님과 눈 마주친 아이들, 부탁 좀 들어줄래?" 했더니 심부름을 눈치 챈 이수와 아이들이 교실로 쏙 들어가버린다. 몇몇 적극적인 아이들이 달려오고 지구본을 옮기려 하고 있는데 인

원수가 아무래도 부족하다. 그때 다시 이수가 교실 밖으로 고개를 내민다. 마음이 쓰였나보다. "이수야, 이번에는 진짜 눈 마주쳤으니 좀 도와줄래?" 마지못해 오는 듯하나 자의로 오는 게 확실한 이수가 지구본을 든다. 이수는 장신을 이용해 과학실 높은 선반에 지구본을 올려놓고 홀연히 사라졌다. 왠지 웃음이 난다.

　　교실에서 오늘처럼 마음과 마음이 만나는 것이 느껴지는 날이 있다. 오랜 적응기간을 지나 라포(rapport: 상담이나 교육을 위한 전제로 신뢰와 친근감으로 이루어진 관계)가 형성되었음을 알아차릴 수 있는 힌트들이 아이들의 표정에서, 행동에서 발견되는 날에는 아무리 힘들고 피곤해도 하늘을 날 것만 같다. 꼬리표를 달고 올라온 이수, 좀처럼 마음을 열지 않던 이수여서 더 마음이 따뜻해졌다. 우리 반 슬로건처럼 언제나 이수 편에, 반 아이들 편에 서야겠다는 생각을 해본다.

너도 옳고,
너도 옳다!

황희 정승이 젊은 시절, 여름에 길을 가다가 누렁소와 검은소로 밭을 갈고 있는 노인에게 물었다. "누렁소와 검은소 중 어느 소가 일을 더 잘 합니까?" 그러자 밭을 갈고 있던 노인이 일을 멈추고 다가와 귓속말로 말했다. "누렁소가 일을 더 잘합니다." "어느 소가 일을 잘하는 게 무슨 큰 비밀이라고 여기까지 오셔서 귀에 속삭입니까?" 하고 황희 정승이 되묻자 농부는 "아무리 말 못하는 짐승이지만 자기를 욕하고 흉을 보면 좋아하겠소?" 하고 말했다. 이에 황희 정승이 되물었다. "저 소들이 사람의 말을 알아듣기라도 한단 말입니까?" 농부는 다시 말했다. "소들이 이랴! 하면 가고, 워~ 하면 멈출 줄 아는데, 어찌 사람의 말을 알아듣지 못한다고 할 수 있겠소? 그리고 설령 아무것도 모른다고 해도 모든 사물을 대할 때 경솔해서는 안 된다오." 농부의 말을 듣고 청년 황희는 큰 깨달음을 얻었다고 한다.

연말의 교실은 크고 작은 갈등의 일상이다. 친밀도가 높고 또래 관계가 강화된 아이들은 곳곳에서 장난과 폭력을 넘나든다. 장난으로 시작했지만 '이 정도는 받아주겠지?' 또는 '조금 과한 장난인데 내가 한 번 참아주면 다음엔 안 하겠지?' 하는 마음들이 오간다. 아이들의 눈으로 보면 세상 재미있고 교사의 눈으로 보면 매 순간 위태위태하다.

빨강이가 모자를 쓴 노랑이의 모자를 빼앗아 도망간다. 노랑이는 어제 이발한 머리가 너무 짧아 부끄러워 모자를 벗고 싶지 않다. 노랑이가 빨강이를 쫓아간다. 빨강이는 쫓아오는 노랑이가 재미있다. 나의 재미에 집중한 나머지 빨강이는 노랑이의 벌겋게 상기된 얼굴과 울 것 같은 눈을 보지 못했고 "빨리 달라고!" 하는 절박한 외침을 듣지 못했다. 그 모습이 재미있어 보여 초록이가 합세했다. 화가 난 노랑이가 상대적으로 달리기가 늦은 초록이를 붙잡아 모자를 빼앗고 주먹으로 한 대 쳤다. 노랑이 입장에서는 집단따돌림이며 초록이 입장에서는 학교폭력이다.

교실에서 일어나는 갈등상황의 많은 부분이 이러한 장난으로 시작된다. 이 상황에서 아이들이나 학부모님들이 황희 정승처럼 담임교사에게 물어오는 경우가 많다. "그래서 누구의 잘못인가요?" 혹은 "그래서 누가 가해자인가요?" 질문을 던지며 누렁소 혹은 검은소라는 대답을 기대한다. 갈등을 일으킬 수밖에 없는 구조다.

갈등은 상황에서 일어나지 않는다. 상황을 바라보는 나의 '의식'에서 일어난다. 내가 옳으면 너는 그르다는 생각, 내가 정당하면 너는 부당하다는 무의식적 흑백논리에서 출발한다. 따라서 내가 가해자라면 상대편이 피해자가 되고 내가 피해자가 되면 반대로 상대는 가해자가 된다.

무의식적 흑백논리는 사람의 시야를 아주 좁게 만든다. 어른들은 아이들의 인간관계가 한눈에 파악되듯 단순하다고 생각하는 경향이 있다. 아이가 아무 생각 없이 친구를 때리고 괴롭힌다 생각한다. 또는 행동에만 집중해 앞으로 범죄자가 될 나쁜 성향의 아이라고 단정지어버린다. 하지만 아이들의 세계는 어른들의 생각만큼 그리 단순하지 않다. 대화해 보면 빨강이에게도 노랑이가 이전에 모자를 벗겨 놀린 아픈 기억이 있고, 노랑이도 그 순간 화나 나 한 대 때렸을 뿐인데 초록이에게 더 많이 맞아 억울한 마음이 있을 수 있다.

하지만 대화를 통해 아이들과 이야기를 나누다 보면 빨강이도, 노랑이도, 초록이도 속상하고 억울한 마음이 풀리고 자연스럽게 내가 피해를 준 아이에게 미안해하며 상대를 공감하게 되는 마법 같은 상황을 마주하게 된다.

　사람의 말을 알아듣지 못하는 소조차도 경솔하게 판단해서는 안 된다던 농부의 가르침처럼 우리도 아이들을 대할 때 누렁소도 옳고 검은소도 옳다는 마음으로 아이들을 대했으면 좋겠다. 아이들이 선하다는 믿음을 가지는 것, 아이들의 이야기를 판단 없이 들을 마음의 준비를 하는 것이 아이들을 대하는 어른에게 진정 필요한 태도가 아닐까 생각해본다.

좋은 어른이
있다는 것

인력으로 되지 않는 것이 있다. 최근의 나의 상황이 그러했다. 전 세계를 강타한 코로나가 나에게까지 영향을 끼쳤고 예정에 없던 일주일간의 격리를 하게 되었다. 아픈 것은 둘째 치고 내가 없는 기간에 동학년 선생님들이 돌아가며 돌봐줄 아이들이 걱정이었다. 그렇다고 전염병을 숨기고 출근할 수도 없는 노릇이라 잘 생활하리라 믿고 단체톡방에 나의 믿음과 염려를 담아 아이들을 격려하는 수밖에 없었다.

가장 마음이 쓰였던 것은 다음 날 예정된 프로젝트 수업 발표였다. 학급에서 사회시간을 이용해 민주적 의사 결정 원리에 따라 문제를 해결해 보는 '출동! 학교 문제 탐사대'라는 작은 프로젝트 수업을 진행하고 있었다. 수업 과정에서 아이들은 학교의 문제점을 함께 찾아보고, 조사하고, 적절한 해결

방안을 고민해 결과물을 만들어갔다. 작은 프로젝트라 교실에서 친구들을 상대로 발표하려 했지만 혹시나 하는 마음에 조심스럽게 교장선생님(무거초 강승철 교장)께 프로젝트의 마지막 발표 시간에 자리해주실 수 있는지 여쭈어보게 되었다. 교장선생님께서는 흔쾌히 허락하셨고 나도, 아이들도 발표 자료를 만들고 발표 연습을 하고 자료를 다듬으며 교장선생님 앞에서 발표하는 날을 손꼽아 기다렸다.

그런데 발표일을 하루 앞두고 코로나 확진이라는 청천벽력 같은 소식이 들려온 것이다. 고민 끝에 약속된 날 발표는 그대로 진행하기로 하고 교장선생님께 전화를 드려 예정대로 참관을 부탁드렸다. 그런데 우리 반을 맡아주신 선생님 말씀에 의하면 그날 그 시간 교장선생님께서 혼자 수업을 진행하셨다고 했다. 아이들은 교장선생님 앞에서 하는 첫 발표라 많이 긴장했다. 담임교사 없이 수업자료를 준비해야 하는 좋지 않은 조건 속에서도 무사히 발표를 마쳤다. 교장선생님께서는 "아주 오랜만에 교실에서 아이들과 함께 수업을 해서 참 좋았다"고 말씀하셨다.

일주일 만에 학교에 출근해보니 아이들이 자랑스레 문을 가리키며 이야기했다. "선생님, 교장선생님이 우리 발표를 들으시고 문고리를 달아주셨어요." 정말 앞뒷문에 문고리가 달려 있었다. 앎과 삶이 연결되는 경험을 선물로 받은 아이들은 공부에 대한 높은 동기부여가 되었고, 자연스레 스스로에 대한 자부심이 높아졌다. "애들아, 정말 대단하다. 문고리를 볼 때마다 너희들은 스스로를 자랑스러워해도 돼. 너희가 문고리를 달았던 그 과정을 거쳐 어른들은 법도 바꾼단다." 하고 이야기해주었다.

아이들의 발표를 들으시고 몇 주간 고민과 회의를 거듭하신 교장선생님의 노력으로 간단한 것은 바로, 시간이 걸리는 것은 약간의 시간을 두고 해결해주셨다. 또한 해결되지 못한 문제점은 학교에서 할 수 없는 이유를 교장선생님이 시간을 내어 직접 아이들에게 설명하셨다. 해결되지 못했다 하더라도 아이들은 진지하게 듣고 고개를 끄덕였다. 옆에서 지켜보는 담임교사로서 학교에 '좋은 어른'이 계신다는 것이 아이들에게 얼마나 큰 영향력을 끼치는지 지켜볼 수 있어서 참 좋았다.

아이들은 공동체에 속한 모든 어른이 관심을 두고 보듬어가며 키운다. 학교에서 '좋은 어른'이 안정감 있는 모델링이 되어 아이들에게 선한 영향력을 끼치는 것을 보며 참 마음 따뜻했다. 더불어 나도 아이들에게 '좋은 어른'인지 돌이켜 생각해보게 되었다. 마음은 통한다. 아이들은 더욱 그렇다. 내가 좋은 어른인지 아닌지 아이들 나름의 경험치로 판단하며 나의 뒷모습을 지켜보고 있음을 느낀다.

요즘처럼 인성교육이 강조되는 시대도 드물 것이다. 핵가족화가 자리잡고 개인주의를 넘어 자기중심적인 환경에서 자라온 아이들에게 타인과 더불어 살아야 하는 이유, 나 아닌 다른 사람을 배려해야 하는 이유를 알게 해주는 것이 인성교육의 역할일 것이다. 자신의 이야기를 듣고 고민하는 좋은 어른이 있다는 것, 그것이 백 마디의 가르침보다 아이들 마음에 스며드는 진정한 의미의 인성교육일 것이다.

엄마에게 상처 주는
아이가 되고 싶지 않다

그런 날이 있다. 유난히 마음이 지치고 힘든 날, 내가 애썼던 많은 것들이 왠지 의미 없어 보이고 남이 가진 것이 반짝반짝 빛나 보이는 날. 그런 날에는 내가 가진 것이 한없이 초라하게 느껴져 다른 사람의 그것을 부러움과 선망의 눈으로 보게 된다. 그날은 그런 날이었다. 그날따라 주책없이 아이들에게 이런저런 넋두리에 가까운 말들을 하게 되었다.

5교시 수업종이 막 울린 교실은 어수선하기 그지없다. 운동장에서 놀던 아이들은 놀이를 마치고 5층까지 뛰어올라오느라 흘린 땀이 식지 않은 채 물통을 찾아 이리저리 돌아다니고 있다. 점심시간 내내 자리에 앉아 있던 아이들은 마치 오늘 처음 만난 사이마냥 근처 친구와 신나게 대화에 몰입하고 있다. 보드게임을 하던 아이들은 종이 쳐도 끝맺지 못한 게임을 정리하기 아쉬운지 미적거리고 있다. 교실에 들어선 나를 보고 아이들은 속도를 높여 교실을 정돈해나간다. 일 년 가까이 함께 생활하며 말하지 않아도 하게 되는 것들이다.

"애들아, 선생님이 별말 하지 않았는데 스스로 정리해줘서 고마워. 역시 너희들은 멋진 아이들이야. 이토록 멋진 너희들이 더 멋진 선생님을 만났으면 좋았을 텐데 말이야…."

이렇게 서두를 시작하니 아이들이 무슨 말을 해야 좋을지 몰라 가만히 듣고만 있다. 친구들과 사이좋게 지내라는 말을 하려는 잔소리의 서막인가? 아니면 종 치기 전에 조금 더 빨리 정리하라고 훈계를 하려나? 몇몇 아이들은 본능적으로 교사가 듣고 싶어 하는 정답을 찾는 표정이다.

"선생님은 9반 선생님처럼 젊고 예쁘지도 않고, 10반 선생님처럼 키가 크고 모델처럼 멋있는 것도 아니고, 11반 선생님처럼 너희에게 매일 칭찬 세례와 선물을 자주 주는 것도 아니고, 12반 선생님처럼 텐션이 높고 유쾌해서 너희와 잘 놀아주지도 못하잖아. 6학년 올라오면서 초등학교 마지막 담임선생님에 대한 기대가 컸을 텐데 미안하게 됐어."

무언가 답을 바라고 한 말은 아니었다. 단지 그날은 농담을 진담처럼, 진담을 농담처럼 아이들에게 말하고 싶었다. 아이들에게 답을 기대한 것도 아니었다. 잠시 동안의 침묵을 깨고 의외의 인물, 장난꾸러기 훈이가 입을 열었다.

"우리는 선생님에게 그런 것을 원한 것이 아니에요. 그냥 지금의 선생님이면 충분해요."

솔직함이라면 학급에서 둘째가라면 서러운 훈이의 말이었다. 순간 나는 말문이 막혔다. 우문현답(愚問賢答)이 있다면 이러한 상황이 아닐까?

부모는 아이를 만나게 되면 막중한 책임감을 가지게 된다. 좋다는 것을 수소문해서 아이들에게 이것저것 많이 주고 싶어진다. 내가 가지지 않은 것은 배워서라도 아이들에게 선사하고 싶다. 좋은 엄마가 되기 위해 애쓰고 최고로 좋은 것을 주려 노력한다. 그것이 삶의 목표가 되는 경우도 더러 있다. 하지만 정작 아이들이 바라는 부모의 모습은 훈이의 표현을 빌리면 '그냥 엄마'다. 나를 사랑하고 내 이야기를 귀담아 들어주려 노력하고 따뜻한 관심으로 나를 지켜보는 존재로서의 엄마다.

이 책에는 교실에서 만난 아이들의 많은 이야기가 담겨 있다. 육아로 힘들어하는 엄마를 위해 돌쟁이 동생을 돌보며 친정에 다녀오라는 석형이, 상처를 혼자 보듬으며 살다보니 자신의 감정을 표현하는 법을 몰라 쩔쩔매는 경수, 친구를 때리면서도 왜 그랬는지 스스로도 알지 못하는 연우, 착한 아이가 되려고 애쓰다가 에너지가 바닥난 승희….

아이들의 사연은 저마다 다르지만 내가 만난 아이들은 자신의 상처보다 엄마의 상처를 더 걱정했다. 내가 한 대 맞을지언정 엄마가 상처받는 것을, 엄마에게 상처주는 아이가 되고 싶지 않아했다. 마음 속에 자신도 모르게 커져버린 걱정과 불안, 자책의 부정적 에너지를 끌어안고 어찌할 줄 몰라 발을 동동 구르는 아이들을 만났다. 견디기 힘들어진 아이들은 친구에게도, 엄마에게도 할 수 없는 말을 힘들게 털어놓았다. 아이들의 이야기를 들으며 문득 아이들을 위해 최선을 다하는 엄마도 이런 아이들의 마음을 알았으면 좋겠다는 생각을 했다. 아이들이 바라는 건 그냥 '우리 엄마'다. 공기처럼 언제나 곁에 있고 집밥처럼 한 끼 먹으면 왠지 든든한 존재로서의 엄마다.

이 책을 읽는 엄마들이 아이들 자신의 방식으로 진심을 전하는 것을 귀 기울여 들어주었으면 한다. 그리고 처음 만나는 엄마라는 역할에 최선을 다하려고 노력한 엄마로서의 나 스스로를 토닥여주기를 바란다. 설령 방향이 조금 엇나갔다 하더라도 아이들을 사랑하는 마음만은 진심인 엄마로서의 '나'를 응원해주기를 바란다. 교실 속 아이들이 전해준 말을 이 책을 읽는 엄마들에게 다시 한 번 말해주고 싶다.

에필로그

"좋은 엄마가 되려고 노력하느라, 아이들을 잘 양육하느라 그동안 애쓰셨어요. 당신으로 충분합니다."

책이 나오기까지 많은 격려와 수고를 아끼지 않았던 서사원 식구들, 결혼을 빛나는 인생의 2막으로 만들어준 든든한 나의 지지자이자 동반자인 남편, 아직 부족하고 미숙한 나를 들었다 놨다 하며 좋은 엄마에 대해 끊임없이 고민하게 해주는 첫째, 어떤 순간에도 내 편에서 나를 응원하는 둘째, 교실에서 함께 생활하며 가족보다 더 많은 시간을 함께한 제자들, 묵묵히 아이들을 위해 최선을 다하는 세상의 모든 엄마와 교사들, 책 속 아이들과 함께 울고 웃을 독자 분들에게 깊은 감사의 마음을 전한다. 책장을 넘기는 동안 여러분 스스로에게 수고했다, 애썼다, 충분하다고 말할 수 있는 시간이 되기를 바란다.

성진숙 드림

지오 일러스트레이터

작가의 꿈을 간직한 초등학생입니다.
그림 그릴 때 가장 행복하며 책장의 책 대부분이 그리기와
도감으로 채워져 있는 그림에 진심인 초보 디자이너입니다.

바른 교육 시리즈 30
사춘기에 가려진 아이들의 진짜 고민과 마주하고 이해하기
아이에게 상처주고 싶은 부모는 없다

초판 1쇄 인쇄 2023년 6월 7일
초판 1쇄 발행 2023년 6월 15일

지은이 성진숙

대표 장선희 **총괄** 이영철
기획편집 현미나, 정시아, 한이슬
책임디자인 최아영 **디자인** 김효숙
본문 일러스트와 작가 캐릭터 디자인 지오
마케팅 최의범, 임지윤, 김현진, 이동희
경영관리 이지현

펴낸곳 서사원 **출판등록** 제2021-000194호
주소 서울시 영등포구 당산로 54길 11 상가 301호
전화 02-898-8778 **팩스** 02-6008-1673
이메일 cr@seosawon.com
네이버 포스트 post.naver.com/seosawon
페이스북 www.facebook.com/seosawon
인스타그램 www.instagram.com/seosawon

ISBN 979-11-6822-175-8   03590

서사원은 독자 여러분의 책에 관한 아이디어와 원고 투고를 설레는 마음으로 기다리고 있습니다.
책으로 엮기를 원하는 아이디어가 있는 분은 이메일 cr@seosawon.com으로 간단한 개요와 취지,
연락처 등을 보내주세요. 고민을 멈추고 실행해 보세요. 꿈이 이루어집니다.